고차원선생의 수학 강의 노트

공통수학1 (상)

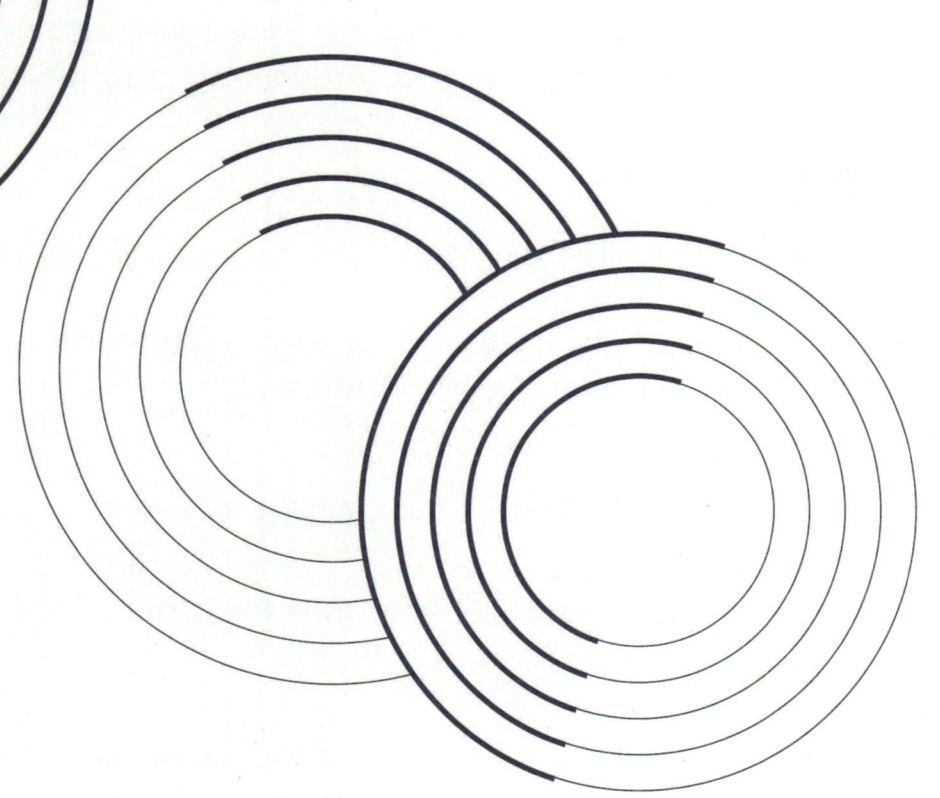

고차원 능률학습 연구소

이 책의 머리말

▌수학을 강의하는 선생님들께

어떻게 하면 학생들에게 수학을 잘 가르칠 수 있을까?
이런 생각은 학교, 학원, 과외 현장에서 선생님들이 겪는 고민거리라고 생각합니다.

수학 강의를 잘할 수 있는 방법에 대해 나의 견해를 말씀드리면

첫째, 개념과 원리에 대한 설명은 간단명료해야 합니다.

둘째, 교재에 기술되어 있는 대로 가르치지 말고 다시 각색을 하거나 도식화하여 정리해 주어야 합니다.

셋째, 교재에서 볼 수 없는 내재돼 있는 원리나 규칙도 찾아내 가르쳐야 합니다.

결론적으로 말씀드리면 학생들이 어려워하는 수학을 쉽고 재미있게 잘 가르치려면 선생님들께서 연구를 많이 하셔야 합니다. 나의 학원 강의의 비결은 내가 집필한 교재에서 되도록 간단명료하게 설명하려고 노력하였고 강의할 때 그대로 가르치지 않고 각색하여 간결하게 핵심만 요약하여 학생들이 쉽게 받아들이도록 하였으며 교재에 내재돼 있는 많은 원리들을 찾아내어 정리해 준 것입니다. 이 책에서는 내가 집필한 교재, 내용과 학원 강의 판서 내용을 그대로 실어 선생님들의 강의 연구에 보탬이 되었으면 합니다. 더불어 학생들을 가르치시는 선생님들의 노고에 경의를 표합니다.

▌수학을 공부하는 학생들에게

수학 학습은 문제를 많이 다루는 것도 중요하지만 어떤 문제라도 해결할 수 있는 기본 원리와 이론을 철저히 익혀두는 것이 바람직한 학습 방법입니다.
따라서, 이 책은 문제를 풀기에 앞서 기본 원리와 이론을 가장 짧은 시간 내에 최소의 노력으로 최대의 효과를 얻을 수 있도록 구성되었으므로, 다음과 같은 방법에 의해 이 책을 활용하기를 바랍니다.

1. 단원별 학습 방법
이 책으로 그 단원의 모든 기본 원리와 이론을 철저히 학습한 후 그 단원의 문제 풀이를 합니다.

2. 시험 전 학습 방법
이 책으로 시험 범위에 해당하는 부분의 모든 기본 원리와 이론을 철저히 학습한 후 예상 문제를 풀고 시험에 임합니다.

3. 전 단원 학습 방법
이 책으로 처음부터 끝까지 총정리한 후 수학능력시험·대학별고사를 치르는 것과 같은 방법으로 실전 모의고사 문제를 풀어 자기의 실력을 점검합니다.

공부를 잘할 수 있는 가장 좋은 방법은 선생님의 강의를 열심히 듣는 것과 자신에게 알맞은 참고서를 선택하여 여러 번 반복 학습하는 것입니다. 지금부터 당장 선생님의 강의를 듣고, **'반복! 반복 학습하라!'** 그러면 수학에 자신이 생길 것입니다.

고차원능률학습연구소

이 책의 구성과 특징

1 고차원선생의 수학 강의 노트다?!

서울 한샘학원에서 소위 일타 강사로 직접 수학을 강의한 내용 그대로를 강의 노트에 담아 가르치는 선생님과 수학을 공부하는 학생들에게 도움을 줄 수 있도록 하였다.

2 정말 수학을 읽으면서 느낀다고?!

수학을 암기 과목처럼 공부할 수 있는 방법을 연구하여
- 학생들이 복잡해하는 개념을 강의 를 통해 간단하게
- 학생들이 어려워하는 문제를 예시 를 통해 쉽고 재미있게
- 학생들이 싫어하는 풀이를 탐구 를 통해 명쾌하게
해결할 수 있도록 하였다.

3 가장 빠른 초스피드 수학이다?!

강의 는 개념을 한눈에, 예시 는 강의를 한눈에, 탐구 는 문제를 한눈에 알아볼 수 있도록 하여 한 권을 하루 24시간 안에 끝낼 수 있도록 요약 정리하였다.

4 한 권을 10회 이상 반복 학습한다?!

1과목 1책 주의는 어떤 과목이라도 공부하기 편한 교재 한 권을 선정하여 10회 이상 반복 학습하는 방법으로, 고차원수학을 이렇게 공부하면 그야말로 수학의 도사가 되어 어떤 어려운 문제라도 쉽게 해결할 수 있도록 구성하였다.

이 책의 학습 방법

1 개념 학습 방법

개념 은 대부분 복잡하고 긴 문장으로 이루어져 있기 때문에 잘 이해하려면 중요한 것에 밑줄을 그어 가면서 정독해야 한다.

2 강의 학습 방법

강의 는 복잡한 개념을 간단하게 요약해 놓은 것으로 언제든지 머리 속에서 꺼내 활용할 수 있도록 이해하고 암기해 두어야 한다.

3 기본예제 학습 방법

기본예제 는 요약된 강의 내용이 문제에 어떻게 적용되는지를 보여주는 것으로 반드시 강의를 활용하여 문제를 풀도록 해야 한다.

4 탐구 학습 방법

탐구 는 어려운 문제를 한눈에 알아보고 쉽게 푸는 방법을 제시해 주는 것으로 탐구를 통해 문제를 볼 줄 아는 안목을 길러야 한다.

5 풀이 학습 방법

풀이 는 가장 쉽고 간결하게 풀어놓았으니 풀이를 읽으면서 이해하거나 연습장에 쓰면서 따라 풀어보도록 한다.

6 단원점검문제 학습 방법

단원점검문제 는 앞에서 배운 부분을 충분히 반복 학습한 후 자신이 있다고 생각되면 아무런 도움 없이 스스로 연습장에 풀어 단원에 대한 성취도를 평가하고 미흡한 점이 있으면 배운 부분을 다시 반복 학습하도록 한다.

어려운 수학 문제를 잘 풀 수 있는 방법은 잘 모르는 문제와 씨름하지 말고 자신이 잘 알고 있는 개념과 문제를 여러 번 반복 학습하는 것이다. 그렇게 하면 수학 실력이 향상되어 어려운 문제도 쉽게 풀 수 있는 능력이 생긴다는 것을 명심해야 한다.

이 책의 내용을 한 눈에

I. 다항식

PART 01. 다항식의 연산

1 다항식의 정의   9
2 다항식의 사칙연산   14
3 곱셈 공식   25
4 곱셈 공식의 변형   36
◈ 반복 학습 기록란   44
◈ 단원 점검문제   45

PART 02. 항등식과 나머지 정리

1 항등식   54
2 나머지 정리   62
◈ 반복 학습 기록란   70
◈ 단원 점검문제   71

PART 03. 인수분해

1 곱셈 공식을 이용한 인수분해   76
2 특별한 경우의 인수분해   85
3 특별한 방법에 의한 인수분해   90
4 인수분해의 활용   92
◈ 반복 학습 기록란   95
◈ 단원 점검문제   96

II. 이차방정식

PART 01. 복소수

1 복소수의 정의　　　　　　　　103
2 복소수의 연산　　　　　　　　108
3 제곱근의 계산　　　　　　　　118
◆ 반복 학습 기록란　　　　　　126
◆ 단원 점검문제　　　　　　　127

PART 02. 이차방정식

1 이차방정식의 해법　　　　　　132
2 이차방정식의 근의 판별　　　　142
3 이차방정식의 근과 계수　　　　146
4 이차방정식의 켤레근과 공통근　155
◆ 반복 학습 기록란　　　　　　160
◆ 단원 점검문제　　　　　　　161

III. 이차함수

PART 01. 이차함수의 그래프

1 이차함수의 그래프　　　　　　169
◆ 반복 학습 기록란　　　　　　175
◆ 단원 점검문제　　　　　　　176

PART 02. 이차함수의 활용

1 이차함수와 이차방정식의 관계　178
2 이차함수의 최대·최소　　　　　188
◆ 반복 학습 기록란　　　　　　200
◆ 단원 점검문제　　　　　　　201

빠른 정답　　　　　　　　　　206

I

다항식

PART 01. 다항식의 연산
PART 02. 항등식과 나머지 정리
PART 03. 인수분해

P A R T
01

다항식의 연산

1 다항식의 정의
2 다항식의 사칙연산
3 곱셈 공식
4 곱셈 공식의 변형
◆ 반복 학습 기록란
◆ 단원 점검문제

명언

공식을 분석해 보면 문제가 보이고 문제를 분석해 보면 풀이가 보인다.

- 고 차 원 -

01 다항식의 정의

1 다항식의 정의

[1] 단항식과 다항식

(1) 단항식
- ➔ 몇 개의 문자나 숫자가 곱셈기호 '×'로만 연결된 식을 **단항식**이라 한다.
- ➔ 단항식은 1개의 항으로 이루어진다.
- ➔ $3,\ x,\ -2ax,\ 5x^2y,\ -3axyz^2$

(2) 다항식
- ➔ 단항식과 몇 개의 단항식들이 덧셈기호 '+'로 연결된 식을 통틀어 **다항식**이라 한다.
- ➔ $x+3,\ 5x^2y-2ax$

> **체크** 단항식도 일종의 다항식이다.

[2] 다항식의 차수와 계수와 상수항

(1) 단항식에서는 곱해진 특정한 문자의 개수를 그 단항식의 **차수**라 하고, 특정한 문자 이외의 부분을 모두 **계수**라 한다.

(2) 다항식에서는 최고차항의 차수를 그 **다항식의 차수**라 하고, 특정한 문자를 포함하지 않는 모든 항을 **상수항**이라 한다.

[3] 동류항

- ➔ 다항식에서 특정한 문자와 차수가 같은 항을 **동류항**이라 한다.
- ➔ $5x^2y$와 $-2x^2y$와 $\sqrt{3}\,x^2y$

강의 **식의 체계**

- ➔ 무리식과 분수식은 다항식이 아니다!
- ➔ 실수식 ┌ 유리식 ┌ 정수식 ┌ 단항식 = 1항식
  └ 다항식 = 1항식, 2항식, 3항식, …
  └ 분수식
  └ 무리식

> **주의** 단항식도 다항식에 포함된다.

기|본|예|제 01

다음 중 다항식인 것을 모두 고르시오.

① $x - \dfrac{1}{3}$ ② $x - \dfrac{1}{x}$ ③ $\sqrt{3}\,x$ ④ $\sqrt{3x}$ ⑤ $\dfrac{x}{3} - x^2$

탐구   다항식 → 단항식 또는 몇 개의 단항식의 합

풀이   (1st) 분수식, 무리식은 다항식이 아니므로

     ① $x - \dfrac{1}{3}$: 다항식 (○)

     ② $x - \dfrac{1}{x}$ 은 분수식 : 다항식 (×)

     ③ $\sqrt{3}\,x$: 다항식 (○)

     ④ $\sqrt{3x}$ 는 무리식 : 다항식 (×)

     ⑤ $\dfrac{x}{3} - x^2$: 다항식 (○)

     따라서 다항식인 것은 ①, ③, ⑤이다.

정답   ①, ③, ⑤

기|본|예|제 02

다음 중 단항식인 것을 모두 고르시오.

① $x + 3$ ② $5x - 2y - 3$ ③ 1 ④ $\dfrac{3x^2}{2}$ ⑤ $-2y + \dfrac{1}{4}$

탐구   단항식 → 몇 개의 문자나 숫자가 곱셈기호 '×'로만 연결된 식

         → 다항식 중 항의 수가 1개인 식

풀이   (1st) 단항식은 항의 수가 1개인 식이므로 항의 수를 알아보면

     ① 2개   ② 3개   ③ 1개   ④ 1개   ⑤ 2개

     따라서 단항식인 것은 ③, ④이다.

정답   ③, ④

◢ MEMO

강의 **다항식의 차수와 계수**

→ 특정 문자를 기준으로 파악해야 한다!

① 차수: 특정한 문자의 곱해진 개수

② 계수: 특정 문자 이외의 부분 → 계수×특정 문자

③ 상수항: 0차항의 계수 → x^2-2x-3의 상수항 -3

④ 동류항: 특정 문자 同, 차수 同 → $-3x^2y$와 $5yx^2$

주의 $-3x^2y$의 차수와 계수

    ① x에 대하여: 2차 → 계수 $-3y$

    ② y에 대하여: 1차 → 계수 $-3x^2$

    ③ x, y에 대하여: 3차 → 계수 -3

同(같을 동)

기|본|예|제 03

다음 x, y, z에 대한 다항식 중에서 $-3x^3y^2z$의 동류항이 아닌 것을 모두 고르시오.

① $\dfrac{1}{2}y^2zx^3$ ② $\sqrt{5}\,zx^3y$ ③ $-3xy^2z^3$

④ $-\dfrac{\sqrt{3}\,x^3zy^2}{2}$ ⑤ $4zx^3y^2$

탐구 동류항 → 계수무시 → 문자 同 and 차수 同

풀이 **1st** 보기의 식을 x, y, z의 순으로 정리하면

    ① $\dfrac{1}{2}x^3y^2z$ (○)

    ② $\sqrt{5}\,x^3yz$ (×)

    ③ $-3xy^2z^3$ (×)

    ④ $-\dfrac{\sqrt{3}}{2}x^3y^2z$ (○)

    ⑤ $4x^3y^2z$ (○)

따라서 $-3x^3y^2z$와 동류항이 아닌 것은 ②, ③이다.

정답 ②, ③

[1] 내림차순

→ 한 문자에 대하여 차수가 높은 항에서 낮은 항의 차례로 배열하는 것을 **내림차순**이라 한다.

[2] 오름차순

→ 한 문자에 대하여 차수가 낮은 항에서 높은 항의 차례로 배열하는 것을 **오름차순**이라 한다.

> **체크** 특별한 식의 정리방법
>
> ① 윤환식 배열법 → 3문자일 때, 윤환식으로 배열한다.
>
>   i) ab, bc, ca
>
>   ii) $a-b$, $b-c$, $c-a$
>
>   iii) $a(b-c)$, $b(c-a)$, $c(a-b)$
>
> ② 사전식 배열법 → 4문자 이상일 때, 사전식으로 배열한다.
>
>   i) ab, ac, ad, bc, bd, cd
>
>   ii) $a-b$, $a-c$, $a-d$, $b-c$, $b-d$, $c-d$

> **강의** **다항식의 정리**
>
> → 일반적으로 내림차순, 오름차순으로 정리한다!
>
> ① 내림차순 배열: 높은 차수 → 낮은 차수
>
> ② 오름차순 배열: 낮은 차수 → 높은 차수

기|본|예|제 04

$x^2yz + xyz + yz - xy^2 - xz^2$을 x에 대하여 다음 방법으로 정리하시오.

(1) 내림차순   (2) 오름차순

탐구 내림차순은 x에 대한 차수가 높은 항부터 쓰고, 오름차순은 x에 대한 차수가 낮은 항부터 쓴다.

풀이 (1) ⓐ 내림차순은 차수가 높은 항부터 쓰는 것이므로 x에 대한 이차항, 일차항, 상수항
의 차례로 배열하면

$$（준식）= x^2yz + xyz - xy^2 - xz^2 + yz$$
$$= yzx^2 + (yz - y^2 - z^2)x + yz$$

(2) ⓐ 오름차순은 차수가 낮은 항부터 쓰는 것이므로 x에 대한 상수항, 일차항, 이차항
의 차례로 배열하면

$$（준식）= yz + xyz - xy^2 - xz^2 + x^2yz$$
$$= yz + (yz - y^2 - z^2)x + yzx^2$$

정답 (1) $yzx^2 + (yz - y^2 - z^2)x + yz$ (2) $yz + (yz - y^2 - z^2)x + yzx^2$

강의 특별한 식의 정리 방법

→ 3문자일 때는 윤환식으로 배열하고, 4문자 이상일 때는 사전식으로 배열한다.

① 윤환식 배열 → 3문자일 때

$$→ a+b, \ b+c, \ c+a$$

$$→ -ab, \ -bc, \ -ca$$

$$→ a(b-c), \ b(c-a), \ c(a-b)$$

② 사전식 배열 → 4문자 이상일 때

$$→ a-b, \ a-c, \ a-d, \ b-c, \ b-d, \ c-d$$

$$→ ab, \ ac, \ ad, \ bc, \ bd, \ cd$$

기 | 본 | 예 | 제 05

다음 식이 세 문자로 구성되어 윤환식으로 배열된다는 사실을 알고, $a^3+b^3+c^3-3abc$를 인수분해하시오.

탐구

① 준식은 3문자로 구성된 다항식이므로 규칙성 있게 윤환식으로 배열된다.

② 준식은 3차식이므로 (1차식)(2차식)으로 인수분해된다.

풀이 **1st** 준식은 세 문자 3차의 윤환식이므로 (1차식)(2차식)으로 인수분해하면

(1차식); $(a+b+c)$

(2차식); $(a^2+b^2+c^2-ab-bc-ca)$

$\therefore \ a^3+b^3+c^3-3abc=(a+b+c)(a^2+b^2+c^2-ab-bc-ca)$

정답 $(a+b+c)(a^2+b^2+c^2-ab-bc-ca)$

◢ MEMO

----

02 다항식의 사칙연산

1 다항식의 덧셈과 뺄셈

→ 다항식의 덧셈도 하나의 다항식이고, 다항식의 뺄셈도 하나의 다항식이다.

→ 다항식의 덧셈과 뺄셈의 기본은 동류항을 간략히 하는 것이다.

[1] 다항식의 덧셈에 대한 기본 법칙

- 다항식 A, B, C에 대하여

  (1) 교환법칙: $A+B=B+A$　　　(2) 결합법칙: $(A+B)+C=A+(B+C)$

[2] 다항식의 덧셈에 대한 실수배

- A, B는 다항식이고 k는 실수일 때

  (1) $k(A+B)=kA+kB$　　　(2) $kA+kB=k(A+B)$

체크 괄호 벗기는 법

　　(1) 괄호 앞에 $-$가 있을 때는 괄호 안의 부호를 바꾼다.

　　(2) 괄호가 겹쳐 있을 때는 안쪽부터 차례로 벗긴다.

강의 다항식의 덧셈과 뺄셈

→ 동류항을 간략히 하는 것이다!

→ 연산법칙을 이용하여 동류항을 간략히 하는 것

① 교환법칙: $A+B=B+A$ (순서 변화)

② 결합법칙: $(A+B)+C=A+(B+C)$ (순서 불변)

기 | 본 | 예 | 제 06

세 다항식 $A=x^2+xy$, $B=x^2-y^2$, $C=-2xy+4y^2$에 대하여 $2A-3B+C$를 계산하시오.

탐구 복잡한 계산은 세로 계산법을 사용하면 편리하다.

풀이 (1st) 복잡한 식이므로 동류항끼리 맞춰서 세로로 쓰고 계산하면

$$
\begin{array}{r}
2A = \quad 2x^2+2xy \qquad\quad \\
-3B = -3x^2 \qquad\quad +3y^2 \\
+\underline{\quad C = \qquad\quad -2xy+4y^2\quad} \\
2A-3B+C = -x^2 \qquad\qquad +7y^2
\end{array}
$$

정답 $-x^2+7y^2$

세 다항식 $A = x^2 + 2xy - 3y^2$, $B = x^2 + xy - y^2$, $C = -2x^2 - 2xy + y^2$에 대하여
$2A - (B + X) = B - C$를 만족하는 다항식 X를 구하시오.

탐구 식을 정리하여 X를 먼저 구한 후 계산한다.

풀이 **1st** 주어진 등식을 정리하여 X를 구하면

$$2A - (B + X) = B - C$$

$$2A - B - X = B - C$$

$$\therefore X = 2A - 2B + C$$

2nd 주어진 식을 대입하여 X를 구하면

$$X = 2(x^2 + 2xy - 3y^2) - 2(x^2 + xy - y^2) + (-2x^2 - 2xy + y^2)$$

$$= 2x^2 + 4xy - 6y^2 - 2x^2 - 2xy + 2y^2 - 2x^2 - 2xy + y^2$$

$$= -2x^2 - 3y^2$$

정답 $-2x^2 - 3y^2$

두 다항식 A, B에 대하여 다음이 성립할 때, $2A - B$를 구하시오.

$$2A + B = 6x^4 - 2x^3 + x + 1$$

$$A + B = 2x^4 + 3x^3 - x^2 - 2x + 1$$

탐구 가감법을 이용하여 A, B를 구한다.

풀이 **1st** 두 등식을 각각 ①, ②로 설정하면

$$2A + B = 6x^4 - 2x^3 + x + 1 \quad \cdots\cdots ①$$

$$A + B = 2x^4 + 3x^3 - x^2 - 2x + 1 \quad \cdots\cdots ②$$

2nd ① $-$ ②를 계산하면

$$A = 4x^4 - 5x^3 + x^2 + 3x \quad \cdots\cdots ③$$

3rd ② $-$ ③을 계산하면

$$B = -2x^4 + 8x^3 - 2x^2 - 5x + 1$$

4th 구한 A, B를 대입하여 구하는 식을 계산하면

$$2A - B = 2(4x^4 - 5x^3 + x^2 + 3x) - (-2x^4 + 8x^3 - 2x^2 - 5x + 1)$$

$$= 8x^4 - 10x^3 + 2x^2 + 6x + 2x^4 - 8x^3 + 2x^2 + 5x - 1$$

$$= 10x^4 - 18x^3 + 4x^2 + 11x - 1$$

정답 $10x^4 - 18x^3 + 4x^2 + 11x - 1$

2 다항식의 곱셈

➜ 다항식의 곱셈의 결과는 하나의 다항식이다.

[1] 다항식의 곱셈에 대한 지수법칙

➜ 다항식의 곱셈에서는 다음 지수법칙이 이용된다.

- m, n이 양의 정수일 때

 (1) $a^m \times a^n = a^{m+n}$

 (2) $(a^m)^n = a^{mn}$

 (3) $(ab)^m = a^m b^m$

[2] 다항식의 곱셈에 대한 기본 법칙

➜ 다항식의 곱셈의 기본은 분배법칙을 이용하는 것이다.

- 다항식 A, B, C에 대하여 다음이 성립한다.

 (1) 교환법칙: $AB = BA$

 (2) 결합법칙: $(AB)C = A(BC)$

 (3) 분배법칙: $A(B+C) = AB + AC$, $(A+B)C = AC + BC$

강의 **곱셈에 대한 지수법칙**

➜ 매우 중요하므로 꼭 암기해 두어야 한다!

① $A^m \times A^n = A^{m+n}$ ② $(A^m)^n = (A^n)^m = A^{mn}$ ③ $(AB)^m = A^m B^m$

기|본|예|제 09

$\dfrac{1}{4}xy^2 \times \left(\dfrac{2}{3}x^2y^2\right)^2 \times (-3xy)^3$을 간단히 하시오.

탐구 ① $a^m a^n = a^{m+n}$ ② $(a^m)^n = a^{mn}$ ③ $(ab)^m = a^m b^m$

풀이 **1st** 곱셈에 대한 지수법칙을 이용하여 준식을 간단히 하면

$$\text{(준식)} = \frac{1}{4}xy^2 \times \frac{4}{9}x^4y^4 \times (-27x^3y^3)$$

$$= \frac{1}{4} \times \frac{4}{9} \times (-27) \times xy^2 \times x^4y^4 \times x^3y^3$$

$$= -3x^{1+4+3}y^{2+4+3}$$

$$= -3x^8y^9$$

정답 $-3x^8y^9$

다항식의 곱셈

→ 대포만 잘 쓰면 된다!

→ 대포법칙을 이용 → 동류항 정리 → 답

$$(a+b)(c+d) = ac + ad + bc + bd$$

기|본|예|제 **10**

다음을 전개하시오.

(1) $2(x+y-z)$　　　　　　　　　　　　　(2) $(2x-y)(x^2-xy+y^2)$

탐구 　대포법칙을 이용하여 전개한 후 동류항을 간략히 한다.

풀이 　(1) **1st** 대포법칙을 이용하여 식을 전개하면

$$\text{(준식)} = 2 \times x + 2 \times y + 2 \times (-z)$$
$$= 2x + 2y - 2z$$

(2) **1st** 대포법칙을 이용하여 식을 전개하고 동류항을 계산하면

$$(2x-y)(x^2-xy+y^2) = 2x^3 - 2x^2y + 2xy^2 - x^2y + xy^2 - y^3$$
$$= 2x^3 - 3x^2y + 3xy^2 - y^3$$

✔ 정답 　(1) $2x+2y-2z$　　　　(2) $2x^3 - 3x^2y + 3xy^2 - y^3$

기|본|예|제 **11**

$ab=2$일 때, $\left(2a+\dfrac{1}{b}\right)\left(3b+\dfrac{4}{a}\right)$의 값을 구하시오.

탐구 　대포법칙을 이용하여 전개한 후 조건식을 대입한다.

풀이 　**1st** 대포법칙을 이용하여 식을 전개하면

$$\text{(준식)} = 6ab + 8 + 3 + \frac{4}{ab}$$

$$= 6ab + \frac{4}{ab} + 11$$

2nd 준식에 $ab=2$를 대입하여 계산하면

$$\text{(준식)} = 6 \times 2 + \frac{4}{2} + 11 = 12 + 2 + 11 = 25$$

✔ 정답 　25

→ 두 항을 곱하여 원하는 차수의 항을 만드는 것이다!

→ 높은 차수 항에서 낮은 차수 항의 순서로 곱 → $(m$차항$) \times (n$차항$) = (m+n)$차항

① 2차항 $=$ (2차항) $\times$ (상수항) $+$ (1차항) $\times$ (1차항) $+$ (상수항) $\times$ (2차항)

② 3차항 $=$ (3차항) $\times$ (상수항) $+$ (2차항) $\times$ (1차항) $+$ (1차항) $\times$ (2차항)

$+$ (상수항) $\times$ (3차항)

기 | 본 | 예 | 제 12

$(3x^3 - x^2 + x - 1)(4x^4 - 3x^3 + 2x^2 + 2x - 3)$의 전개식에서 x^3, x^4의 계수를 각각 a, b라 할 때, $a+b$의 값을 구하시오.

탐구 높은 차수 항에서 낮은 차수 항의 순서로 곱하여 더한다.

① 3차항 $=$ (3차항) $\times$ (상수항) $+$ (2차항) $\times$ (1차항) $+$ (1차항) $\times$ (2차항) $+$ (상수항) $\times$ (3차항)

② 4차항 $=$ (4차항) $\times$ (상수항) $+$ (3차항) $\times$ (1차항) $+$ (2차항) $\times$ (2차항)

$+$ (1차항) $\times$ (3차항) $+$ (상수항) $\times$ (4차항)

풀이 **(1st)** 곱하여 3차항이 되는 동류항들을 간단히 하면

$$3x^3 \times (-3) + (-x^2) \times 2x + x \times 2x^2 + (-1) \times (-3x^3)$$
$$= -9x^3 - 2x^3 + 2x^3 + 3x^3 = -6x^3$$

$\therefore \ a = -6$

(2nd) 곱하여 4차항이 되는 동류항들을 간단히 하면

$$3x^3 \times 2x + (-x^2) \times 2x^2 + x \times (-3x^3) + (-1) \times 4x^4$$
$$= 6x^4 - 2x^4 - 3x^4 - 4x^4 = -3x^4$$

$\therefore \ b = -3$

(3rd) $a+b$의 값을 구하면

$$a + b = (-6) + (-3) = -9$$

정답 -9

◢MEMO

→ 다항식의 나눗셈의 결과는 다항식일 수도 있고 아닐 수도 있다.

[1] 다항식의 나눗셈에 대한 지수법칙

→ 다항식의 나눗셈에서는 다음 지수법칙이 이용된다.

• m, n이 양의 정수이고 $a \neq 0$일 때

(1) $a^m \div a^n = \dfrac{a^m}{a^n} = \begin{cases} a^{m-n} & (m > n \text{ 일 때}) \\ 1 & (m = n \text{ 일 때}) \\ \dfrac{1}{a^{n-m}} & (m < n \text{ 일 때}) \end{cases}$

(2) $\left(\dfrac{b}{a}\right)^n = \dfrac{b^n}{a^n}$

체크 확장된 지수법칙

→ m이 양의 정수이고 $a \neq 0$일 때

① $a^{-m} = \dfrac{1}{a^m}$ ② $a^0 = 1$

---

[2] 다항식의 나눗셈 계산법

(1) 직접 계산법

① 내림차순으로 정리하고 계수가 0인 항은 비워두고 계산한다.

② 나누는 식이 단항식일 때 사용하면 편리하다.

(2) 계수분리법

① 내림차순으로 정리하고 계수만 분리하여 계산한다.

② 나누는 식이 2차 이상의 다항식일 때 사용하면 편리하다.

(3) 조립제법

① 내림차순으로 정리하고 나누어지는 식의 계수만 분리하여 우측에 놓고 나누는 1차식을 0으로 하는 x의 값을 좌측에 놓아 계산한다.

② 나누는 식이 1차의 다항식일 때 사용하면 편리하다.

보기 $(x^3 - 5x^2 + 3) \div (x - 2)$

$$
\begin{array}{c|cccc}
2 & 1 & -5 & 0 & 3 \\
  & \downarrow & 2 \times 1 = 2 & 2 \times (-3) = -6 & 2 \times (-6) = -12 \\
\hline
  & 1 & (-5) + 2 = -3 & 0 + (-6) = -6 & 3 + (-12) = -9
\end{array}
$$

몫: $x^2 - 3x - 6$ 나머지: -9

나눗셈에 대한 지수법칙

→ 음지수와 영지수를 이용하면 매우 편리하다!

① $A^m \div A^n = A^{m-n} = \dfrac{A^m}{A^n}$

② $A^{-m} = \dfrac{1}{A^m}$, $A^0 = 1$ (단, $A \neq 0$)

③ $\left(\dfrac{B}{A}\right)^m = \dfrac{B^m}{A^m}$ (단, 분모 $A \neq 0$)

보기 ① $2^5 \div 2^3 = \dfrac{2^5}{2^3} = 2^{5-3} = 2^2 = 4$

② $2^5 \div 2^5 = \dfrac{2^5}{2^5} = 2^{5-5} = 2^0 = 1$

③ $2^3 \div 2^5 = \dfrac{2^3}{2^5} = 2^{3-5} = 2^{-2} = \dfrac{1}{2^2} = \dfrac{1}{4}$

주의 양지수는 분자가 되고 음지수는 분모가 되므로 분수식으로 고쳐 계산하면 편리하다.

기|본|예|제 13

다음 중에서 옳지 않은 것을 고르시오. (단, $a \neq 0$)

① $a^5 \div a^3 = a^2$ ② $a^5 \div a^5 = 1$ ③ $a^3 \div a^5 = a^2$

④ $\dfrac{a^5}{a^3} = a^2$ ⑤ $\dfrac{a^3}{a^5} = \dfrac{1}{a^2}$

탐구 다음 지수법칙을 이용하면 편리하다. (단, $a \neq 0$)

① $a^{-m} = \dfrac{1}{a^m}$ (음지수)   ② $a^0 = 1$ (영지수)

풀이 **1st** 지수법칙을 이용하면

① $a^5 \div a^3 = a^{5-3} = a^2$ (○)

② $a^5 \div a^5 = a^{5-5} = a^0 = 1$ (○)

③ $a^3 \div a^5 = a^{3-5} = a^{-2} = \dfrac{1}{a^2}$ (×)

④ $\dfrac{a^5}{a^3} = a^{5-3} = a^2$ (○)

⑤ $\dfrac{a^3}{a^5} = a^{3-5} = a^{-2} = \dfrac{1}{a^2}$ (○)

따라서 옳지 않은 것을 고르면 ③이다.

정답 ③

다음 식을 간단히 하시오.

(1) $\left(\dfrac{1}{2}ab\right)^2 \times \left(-\dfrac{1}{3}a^2b\right)^3 \div \left(\dfrac{1}{2}ab^2\right)$

(2) $\{(a^2)^3\}^2 \div (-a)^3 \times (-a^2)^2$

(3) $(3x^3y^2z)^2 \times 4x^2y^3z \div (-2xy^3z^2) \div (xyz)$

탐구 m, n이 양의 정수일 때, (단, $a \neq 0$)

① $a^m \times a^n = a^{m+n}$ ② $a^m \div a^n = a^{m-n}$ ③ $(a^m)^n = a^{mn}$

④ $(ab)^n = a^n b^n$ ⑤ $\left(\dfrac{a}{b}\right)^n = \dfrac{a^n}{b^n}$ (단, $b \neq 0$)

풀이 (1) **1st** 지수법칙을 이용하여 간단히 하면

$$(준식) = \dfrac{1}{4}a^2b^2 \times \left(-\dfrac{1}{27}a^6b^3\right) \div \left(\dfrac{1}{2}ab^2\right)$$

$$= \dfrac{1}{4} \times \left(-\dfrac{1}{27}\right) \times 2 \times a^2b^2 \times a^6b^3 \div (ab^2)$$

$$= -\dfrac{1}{54}a^{2+6-1}b^{2+3-2} = -\dfrac{1}{54}a^7b^3$$

(2) **1st** 지수법칙을 이용하여 간단히 하면

$$(준식) = (a^6)^2 \div (-a^3) \times a^4$$

$$= a^{12} \div (-a^3) \times a^4$$

$$= -a^{12-3+4} = -a^{13}$$

(3) **1st** 지수법칙을 이용하여 간단히 하면

$$(준식) = 9x^6y^4z^2 \times 4x^2y^3z \div (-2xy^3z^2) \div (xyz)$$

$$= \dfrac{9 \times 4}{-2} \times x^{6+2-1-1} \times y^{4+3-3-1} \times z^{2+1-2-1} = -18x^6y^3$$

정답 (1) $-\dfrac{1}{54}a^7b^3$ (2) $-a^{13}$ (3) $-18x^6y^3$

MEMO

$2^{x+1} = A$일 때, 2^{3x-2}를 A의 식으로 나타내시오.

탐구   뼈다귀 2^x에 주목하라!

풀이   **1st** 식을 정리하여 2^x를 구하면

$$2^{x+1} = A \qquad 2^x \times 2 = A \qquad \therefore \ 2^x = \frac{A}{2}$$

2nd 준식을 정리하고 구한 식을 대입하면

$$2^{3x-2} = (2^x)^3 \times 2^{-2} = \left(\frac{A}{2}\right)^3 \times \frac{1}{4} = \frac{A^3}{32}$$

정답 $\dfrac{A^3}{32}$

강의 **다항식의 나눗셈 계산법**

→ 나누는 식에 따라 달라진다!

→ (나누어지는 식)÷(나누는 식)에서 나누는 식에 따라 방법을 결정한다.

→ 나누는 식 ┬ 단항식 → 직접 계산법 이용
             ├ 다항식 → 계수분리법 이용
             └ 일차식 → 조립제법 이용

다음 다항식의 나눗셈에서 몫과 나머지를 구하시오.

$$(4x^5 - 2x^4 - 6x^2 - 3x + 5) \div 2x^2$$

탐구   나누는 식이 단항식 → 직접 계산법 이용!

풀이   **1st** 나누는 식 $2x^2$이 단항식이므로 직접 계산법을 이용하면

$$
\begin{array}{r}
2x^3 - x^2 + 0x - 3 \\
2x^2 \enclose{longdiv}{4x^5 - 2x^4 + 0x^3 - 6x^2 - 3x + 5} \\
\underline{4x^5 - 2x^4 + 0x^3 - 6x^2 } \\
-3x + 5
\end{array}
$$

몫은 $2x^3 - x^2 - 3$이고 나머지는 $-3x + 5$이다.

정답   몫: $2x^3 - x^2 - 3$, 나머지: $-3x + 5$

다음 다항식의 나눗셈에서 몫과 나머지를 구하시오.

$$(6x^4 - 4x^2 + 3x - 2) \div (x^2 - 2x + 2)$$

탐구 나누는 식이 2차 이상의 다항식 → 계수분리법 이용!

풀이 ①st 나누는 식 $x^2 - 2x + 2$가 2차의 다항식이므로 계수를 분리하여 나눗셈을 하면

```
                6    12    8
       1 -2 2 ) 6    0   -4    3   -2
                6  -12   12
                    12  -16    3
                    12  -24   24
                          8  -21   -2
                          8  -16   16
                               -5  -18
```

몫은 $6x^2 + 12x + 8$이고 나머지는 $-5x - 18$이다.

정답 몫: $6x^2 + 12x + 8$, 나머지: $-5x - 18$

$(x^4 - x^3 - 3x^2 - x + 3) \div (x + 2)$의 몫과 나머지를 조립제법을 이용하여 구하는 과정이다. 상수 a, b, c, d에 대하여 $a + b + c + d$의 값을 구하시오.

```
    a |  1   -1   -3   -1    3
      |      -2    c   -6   14
        1    b    3    d  | 17
```

탐구 나누는 식이 1차의 다항식 → 조립제법 이용!

풀이 ①st (나누는 식)$= 0$이 되는 x의 값을 구하면

$$x + 2 = 0 \qquad \therefore \ x = -2$$

②nd 나누는 식이 일차식이므로 조립제법을 이용하면

```
  -2 |  1   -1   -3   -1    3
     |      -2    6   -6   14
        1   -3    3   -7  | 17
```

따라서 $a = -2$, $b = -3$, $c = 6$, $d = -7$이다.

③rd $a + b + c + d$의 값을 구하면

$$a + b + c + d = -6$$

정답 -6

다항식 $x^3 - 4x^2 + x - 5$를 $x - 2$로 나누었을 때의 몫과 나머지를 구하시오.

탐구 나누는 식이 1차의 다항식 → 조립제법 이용!

풀이 **1st** (나누는 식)$=0$이 되는 x의 값을 구하면

$$x - 2 = 0 \qquad \therefore \ x = 2$$

2nd 나누는 식이 일차식이므로 조립제법을 이용하면

$$
\begin{array}{r|rrrr}
2 & 1 & -4 & 1 & -5 \\
  &   & 2 & -4 & -6 \\
\hline
  & 1 & -2 & -3 & -11 \ \to R
\end{array}
$$

몫은 $x^2 - 2x - 3$이고 나머지는 -11이다.

정답 몫: $x^2 - 2x - 3$, 나머지: -11

$(2x^3 - 7x^2 + 9) \div (2x - 3)$의 몫과 나머지를 구하시오.

탐구 $f(x)$를 $ax + b$로 나눌 때 → 몫은 $f(x)$를 $x + \dfrac{b}{a}$로 나누었을 때의 몫의 $\dfrac{1}{a}$배

→ 나머지는 그대로

풀이 **1st** (나누는 식)$=0$이 되는 x의 값을 구하면

$$2x - 3 = 0 \qquad \therefore \ x = \frac{3}{2}$$

2nd 나누는 식이 일차식이므로 조립제법을 이용하면

$$
\begin{array}{r|rrrr}
\frac{3}{2} & 2 & -7 & 0 & 9 \\
  &   & 3 & -6 & -9 \\
\hline
  & 2 & -4 & -6 & 0 \ \to R
\end{array}
$$

3rd 몫을 나누는 식의 1차항의 계수로 나누어 구하면

$$\frac{1}{2}(2x^2 - 4x - 6) = x^2 - 2x - 3$$

몫은 $x^2 - 2x - 3$이고, 나머지는 0이다.

정답 몫: $x^2 - 2x - 3$, 나머지: 0

03 곱셈 공식

1 곱셈 공식(Ⅰ)

→ 완전제곱꼴의 곱셈 공식이다.

(1) $(x \pm y)^2 = x^2 + y^2 \pm 2xy$

(2) $(x+y+z)^2 = x^2 + y^2 + z^2 + 2xy + 2yz + 2zx$

강의 **곱셈 공식(Ⅰ)**

→ 완전제곱식을 전개하는 공식이다!

→ 완전제곱꼴의 곱셈 공식!

① $(a \pm b)^2 = a^2 \pm 2ab + b^2 = a^2 + b^2 \pm 2ab$

② $(a+b+c)^2 = a^2 + b^2 + c^2 + 2ab + 2bc + 2ca$

기|본|예|제 21

다음을 전개하시오.

(1) $(2x+3y)^2$ (2) $(3x-2y)^2$ (3) $(a-b-c)^2$ (4) $(x+y-z)^2$

탐구 ① $(a \pm b)^2 = a^2 \pm 2ab + b^2$

② $(a+b+c)^2 = a^2 + b^2 + c^2 + 2ab + 2bc + 2ca$

풀이 (1) **1st** $\{(2x)+(3y)\}^2$으로 놓고 전개하면

$$(준식) = (2x)^2 + 2 \times 2x \times 3y + (3y)^2 = 4x^2 + 12xy + 9y^2$$

(2) **1st** $\{(3x)-(2y)\}^2$으로 놓고 전개하면

$$(준식) = (3x)^2 - 2 \times 3x \times 2y + (2y)^2 = 9x^2 - 12xy + 4y^2$$

(3) **1st** $\{a+(-b)+(-c)\}^2$으로 놓고 전개하면

$$(준식) = \{a+(-b)+(-c)\}^2$$
$$= a^2 + (-b)^2 + (-c)^2 + 2 \times a \times (-b) + 2 \times (-b) \times (-c) + 2 \times (-c) \times a$$
$$= a^2 + b^2 + c^2 - 2ab + 2bc - 2ca$$

(4) **1st** $\{x+y+(-z)\}^2$으로 놓고 전개하면

$$(준식) = \{x+y+(-z)\}^2$$
$$= x^2 + y^2 + (-z)^2 + 2 \times x \times y + 2 \times y \times (-z) + 2 \times (-z) \times x$$
$$= x^2 + y^2 + z^2 + 2xy - 2yz - 2zx$$

정답 (1) $4x^2 + 12xy + 9y^2$ (2) $9x^2 - 12xy + 4y^2$

(3) $a^2 + b^2 + c^2 - 2ab + 2bc - 2ca$ (4) $x^2 + y^2 + z^2 + 2xy - 2yz - 2zx$

2 곱셈 공식(Ⅱ)

→ 합과 차의 곱은 부호가 같은 것의 제곱과 부호가 다른 것의 제곱의 차로 전개된다.

(1) $(x+y)(x-y)=x^2-y^2$

(2) $(x+y)(y-x)=y^2-x^2$

강의 곱셈 공식(Ⅱ)

→ 합과 차의 곱을 전개하는 것이다!

→ 합과 차의 곱 $=($부호가 같은 것$)^2-($부호가 다른 것$)^2$

① $(x+y)(y-x)=y^2-x^2$ ② $(x+y)(x-y)=x^2-y^2$

주의 $(x-y)(y-x)=-(x-y)^2=-x^2+2xy-y^2$

기|본|예|제 22

다음 식을 전개하시오.

(1) $(2x-3y)(2x+3y)$

(2) $\left(\dfrac{1}{2}x+y\right)\left(-\dfrac{1}{2}x+y\right)$

탐구 합과 차의 곱 $=($부호가 같은 것$)^2-($부호가 다른 것$)^2$

풀이 **1st** 부호가 같은 것의 제곱에서 부호가 다른 것의 제곱을 빼면

   (1) (준식) $=(2x)^2-(3y)^2=4x^2-9y^2$

   (2) (준식) $=y^2-\left(\dfrac{1}{2}x\right)^2=y^2-\dfrac{1}{4}x^2$

정답 (1) $4x^2-9y^2$ (2) $y^2-\dfrac{1}{4}x^2$

기|본|예|제 23

$(2x+y)(2x-y)-(x-2y)(-x-2y)$를 계산하시오.

탐구 합과 차의 곱 $=($부호가 같은 것$)^2-($부호가 다른 것$)^2$

풀이 **1st** 부호가 같은 것의 제곱에서 부호가 다른 것의 제곱을 빼고 정리하면

   (준식) $=(2x)^2-y^2-\{(-2y)^2-x^2\}=4x^2-y^2-(4y^2-x^2)$

   $=4x^2-y^2-4y^2+x^2=5x^2-5y^2$

정답 $5x^2-5y^2$

기|본|예|제 **24**

$(x-y)(x+y)(x^2+y^2)(x^4+y^4)(x^8+y^8)$을 전개하시오.

탐구 $(a+b)(a-b)=a^2-b^2$을 반복 이용한다.

풀이 ①st 앞에서부터 2개씩 짝을 지어 차례로 전개하면

$$(준식) = \{(x-y)(x+y)\}(x^2+y^2)(x^4+y^4)(x^8+y^8)$$
$$= \{(x^2-y^2)(x^2+y^2)\}(x^4+y^4)(x^8+y^8)$$
$$= \{(x^4-y^4)(x^4+y^4)\}(x^8+y^8)$$
$$= (x^8-y^8)(x^8+y^8) = x^{16}-y^{16}$$

정답 $x^{16}-y^{16}$

기|본|예|제 **25**

$2(3+1)(3^2+1)(3^4+1) = 3^8 + \boxed{}$ 에서 $\boxed{}$ 안에 들어갈 수를 구하시오.

탐구 $(a+b)(a-b)=a^2-b^2$을 이용할 수 있도록 변형한다.

풀이 ①st $2=3-1$로 바꾸어 $(a+b)(a-b)=a^2-b^2$을 이용하여 전개하면

$$(준식) = \{(3-1)(3+1)\}(3^2+1)(3^4+1)$$
$$= \{(3^2-1)(3^2+1)\}(3^4+1)$$
$$= (3^4-1)(3^4+1) = 3^8-1$$

따라서 $\boxed{}$ 안에 알맞은 수는 -1이다.

정답 -1

기|본|예|제 **26**

$(a+b)(a-b)=a^2-b^2$임을 이용하여 다음을 계산하시오.

(1) 49×51　　　　　　　　　　(2) 1.7×2.3

탐구 수를 $(a+b)(a-b)$의 꼴로 변형하여 공식을 이용한다.

풀이 ①st 수를 $(a+b)(a-b)$의 꼴로 변형하고 전개하여 계산하면

(1) $49 \times 51 = (50-1)(50+1)$
$$= 50^2 - 1^2 = 2500 - 1 = 2499$$

(2) $1.7 \times 2.3 = (2-0.3)(2+0.3)$
$$= 2^2 - 0.3^2 = 4 - 0.09 = 3.91$$

정답 (1) 2499　　　(2) 3.91

3 곱셈 공식(Ⅲ)

→ 곱셈의 결과는 2차 3항꼴이다.

(1) $(x+a)(x+b) = x^2 + (a+b)x + ab$

(2) $(ax+b)(cx+d) = acx^2 + (ad+bc)x + bd$

강의 곱셈 공식(Ⅲ)

→ 1차식과 1차식의 곱을 전개하는 공식이다!

→ (1차식)(1차식) = 2차 3항꼴

① $(x+a)(x+b) = x^2 + (a+b)x + ab$

→ $(x+a)(x+b) = x^2 + (합)x + (곱)$

② $(ax+by)(cx+dy) = acx^2 + (ad+bc)xy + bdy^2$

→ (머리+꼬리)(머리+꼬리) = (머리×머리)x^2 + (박쪽곱+안쪽곱)xy + (꼬리×꼬리)y^2

기|본|예|제 27

다음 식을 전개하시오.

(1) $(x-3y)(x+2y)$

(2) $(6x+5y)(4x+3y)$

(3) $(2x+3y)(4x-5y)$

(4) $(x-7y)(2x-3y)$

탐구

① $(x+ay)(x+by) = x^2 + (합)xy + (곱)y^2$

② $(ax+by)(cx+dy) = (머리×머리)x^2 + (ad+bc)xy + (꼬리×꼬리)y^2$

풀이 **1st** 곱셈 공식을 이용하여 준식을 전개하면

(1) (준식) $= x^2 + (-3+2)xy + (-3) \times 2y^2$

$= x^2 - xy - 6y^2$

(2) (준식) $= 6 \times 4x^2 + (6 \times 3 + 5 \times 4)xy + 5 \times 3y^2$

$= 24x^2 + 38xy + 15y^2$

(3) (준식) $= 2 \times 4x^2 + \{2 \times (-5) + 3 \times 4\}xy + 3 \times (-5)y^2$

$= 8x^2 + 2xy - 15y^2$

(4) (준식) $= 2x^2 + \{1 \times (-3) + (-7) \times 2\}xy + (-7) \times (-3)y^2$

$= 2x^2 - 17xy + 21y^2$

정답 (1) $x^2 - xy - 6y^2$ (2) $24x^2 + 38xy + 15y^2$

(3) $8x^2 + 2xy - 15y^2$ (4) $2x^2 - 17xy + 21y^2$

---

4 곱셈 공식(Ⅳ)

→ 완전세제곱꼴의 곱셈 공식이다.

(1) $(x+y)^3 = x^3 + 3x^2y + 3xy^2 + y^3$

(2) $(x-y)^3 = x^3 - 3x^2y + 3xy^2 - y^3$

강의 **곱셈 공식(Ⅳ)**

→ 완전세제곱식을 전개하는 공식이다!

→ 완전세제곱꼴 = 3차 4항꼴

① $(x+y)^3 = x^3 + 3x^2y + 3xy^2 + y^3$; 3차 4항꼴

② $(x-y)^3 = x^3 - 3x^2y + 3xy^2 - y^3$; 3차 4항꼴 → $-y$에 유의!

기|본|예|제 28

다음 식을 전개하시오.

(1) $(x+2)^3$　　　　　(2) $(2x+3y)^3$　　　　　(3) $(3x-2y)^3$

탐구　① $(x+y)^3 = x^3 + 3x^2y + 3xy^2 + y^3$

② $(x-y)^3 = x^3 - 3x^2y + 3xy^2 - y^3$ (y가 홀수 차일 때만 $-$를 붙인다.)

풀이　**1st** 곱셈 공식을 이용하여 준식을 전개하면

(1) (준식) $= x^3 + 3 \times x^2 \times 2 + 3 \times x \times 2^2 + 2^3$

$= x^3 + 6x^2 + 12x + 8$

(2) (준식) $= (2x)^3 + 3 \times (2x)^2 \times 3y + 3 \times 2x \times (3y)^2 + (3y)^3$

$= 8x^3 + 36x^2y + 54xy^2 + 27y^3$

(3) (준식) $= (3x)^3 - 3 \times (3x)^2 \times 2y + 3 \times 3x \times (2y)^2 - (2y)^3$

$= 27x^3 - 54x^2y + 36xy^2 - 8y^3$

정답　(1) $x^3 + 6x^2 + 12x + 8$

(2) $8x^3 + 36x^2y + 54xy^2 + 27y^3$

(3) $27x^3 - 54x^2y + 36xy^2 - 8y^3$

→ 파스칼의 삼각형은 $(x+y)^n$의 전개식의 계수를 구하는데 사용된다.

$$1 \quad\rightarrow\quad (x+y)^0 \text{의 계수}$$
$$1 \quad 1 \quad\rightarrow\quad (x+y)^1 \text{의 계수}$$
$$1 \quad 2 \quad 1 \quad\rightarrow\quad (x+y)^2 \text{의 계수}$$
$$1 \quad 3 \quad 3 \quad 1 \rightarrow\quad (x+y)^3 \text{의 계수}$$
$$\vdots \qquad\qquad \vdots$$

주의 $(x+y)^n$의 전개식은 일반적으로 x는 내림차순으로, y는 오름차순으로 정리한다.

기|본|예|제 **29**

$(a+b)^4$을 전개하시오.

탐구   파스칼의 삼각형을 이용하여 계수를 결정한다.

풀이   (1st) $(a+b)^4$의 전개식의 계수를 파스칼의 삼각형을 이용하여 구하면

$$1$$
$$1 \qquad 1$$
$$1 \qquad 2 \qquad 1$$
$$1 \qquad 3 \qquad 3 \qquad 1$$
$$1 \qquad 4 \qquad 6 \qquad 4 \qquad 1$$

(2nd) $(a+b)^4$의 전개식을 a는 내림차순으로, b는 오름차순으로 정리하면

$$a^4 \quad a^3 \quad a^2 \quad a^1 \quad a^0$$
$$b^0 \quad b^1 \quad b^2 \quad b^3 \quad b^4$$

$$\therefore (a+b)^4 = a^4 + 4a^3b + 6a^2b^2 + 4ab^3 + b^4$$

정답 $a^4 + 4a^3b + 6a^2b^2 + 4ab^3 + b^4$

5 곱셈 공식(Ⅴ)

➡ 곱셈의 결과는 3차 4항꼴이다.

(1) $(x+a)(x+b)(x+c) = x^3 + (a+b+c)x^2 + (ab+bc+ca)x + abc$

(2) $(x-a)(x-b)(x-c) = x^3 - (a+b+c)x^2 + (ab+bc+ca)x - abc$

강의 **곱셈 공식(Ⅴ)**

➡ 괄호 셋이고, 머리 同인 식을 전개하는 공식이다!

➡ $(x+a)(x+b)(x+c)$ → 괄호 3개, 머리 同

① $(x+a)(x+b)(x+c) = x^3 + (a+b+c)x^2 + (ab+bc+ca)x + abc$

② $(x-a)(x-b)(x-c) = x^3 - (a+b+c)x^2 + (ab+bc+ca)x - abc$; 부호 주의!

同(같을 동)

기|본|예|제 30

다음 식을 전개하시오.

(1) $(x+1)(x+2)(x+3)$　　　　　　　(2) $(x-1)(x+2)(x-3)$

탐구 괄호 셋, 머리同 $(x+a)(x+b)(x+c) = x^3 + (a+b+c)x^2 + (ab+bc+ca)x + abc$

풀이 **1st** 곱셈 공식을 이용하여 준식을 전개하면

(1) (준식) $= x^3 + (1+2+3)x^2 + (2+6+3)x + 1 \times 2 \times 3$

　　　　 $= x^3 + 6x^2 + 11x + 6$

(2) (준식) $= x^3 + (-1+2-3)x^2 + (-2-6+3)x + (-1) \times 2 \times (-3)$

　　　　 $= x^3 - 2x^2 - 5x + 6$

✔정답 (1) $x^3 + 6x^2 + 11x + 6$　　　　(2) $x^3 - 2x^2 - 5x + 6$

기|본|예|제 31

$x+y+z=3$, $xy+yz+zx=2$, $xyz=1$일 때, $(x+y)(y+z)(z+x)$의 값을 구하시오.

탐구 괄호 셋, 머리同 $(x+a)(x+b)(x+c) = x^3 + (a+b+c)x^2 + (ab+bc+ca)x + abc$

풀이 **1st** $x+y+z=3$에서 식을 변형하고 준식에 대입하면

$x+y = 3-z$, $y+z = 3-x$, $z+x = 3-y$

(준식) $= (3-z)(3-x)(3-y)$

　　　 $= 3^3 - (x+y+z) \times 3^2 + (xy+yz+zx) \times 3 - xyz$

2nd 주어진 값을 준식에 대입하여 식의 값을 구하면

(준식) $= 27 - 3 \times 9 + 2 \times 3 - 1 = 5$

✔정답 5

6 곱셈 공식(Ⅵ)

→ (1차식)×(2차식)은 3차의 다항식으로 전개된다.

(1) $(x+y)(x^2-xy+y^2)=x^3+y^3$

(2) $(x-y)(x^2+xy+y^2)=x^3-y^3$

(3) $(x+y+z)(x^2+y^2+z^2-xy-yz-zx)=x^3+y^3+z^3-3xyz$

강의 **곱셈 공식(Ⅵ)**

→ 1차식과 2차식의 곱을 전개하는 공식이다!

→ (1차식)(2차식)=(3차식) → 부호 주의!

① $(a+b)(a^2-ab+b^2)=a^3+b^3$

② $(a-b)(a^2+ab+b^2)=a^3-b^3$

③ $(a+b+c)(a^2+b^2+c^2-ab-bc-ca)=a^3+b^3+c^3-3abc$

기|본|예|제 32

다음 식을 전개하시오.

(1) $(2a+3b)(4a^2-6ab+9b^2)$

(2) $(x-1)(x+1)(x^2+x+1)(x^2-x+1)$

탐구 ① $(x+y)(x^2-xy+y^2)=x^3+y^3$을 이용하여 전개한다.

② 곱셈 공식을 이용할 수 있도록 짝을 지어 전개한다.

풀이 (1) **1st** 곱셈 공식을 이용하여 준식을 전개하면

$$(준식)=(2a+3b)\{(2a)^2-(2a)\times(3b)+(3b)^2\}$$
$$=(2a)^3+(3b)^3$$
$$=8a^3+27b^3$$

(2) **1st** 곱셈 공식을 이용할 수 있도록 짝을 지어 전개하면

$$(준식)=\{(x-1)(x^2+x+1)\}\{(x+1)(x^2-x+1)\}$$
$$=(x^3-1)(x^3+1)$$
$$=x^6-1$$

정답 (1) $8a^3+27b^3$ (2) x^6-1

기 | 본 | 예 | 제 33

다음 식을 전개하시오.

$$(x+y-3)(x^2+y^2+9-xy+3y+3x)$$

탐구 $(x+y+z)(x^2+y^2+z^2-xy-yz-zx)=x^3+y^3+z^3-3xyz$에 $z=-3$을 대입한 것이다.

풀이 **1st** $z=-3$로 놓고 곱셈 공식을 이용하여 전개하면

$$(준식)=x^3+y^3+(-3)^3-3xy\times(-3)$$

$$=x^3+y^3-27+9xy$$

$$=x^3+y^3+9xy-27$$

정답 $x^3+y^3+9xy-27$

강의 **곱셈 공식(Ⅵ)의 활용 문제**

➡ 짝을 잘 찾아 곱한 후 전개한다!

① $x^2+x+1=0 \rightarrow (x-1)(x^2+x+1)=0$

$$x^3-1=0 \qquad \therefore x^3=1$$

② $x^2-x+1=0 \rightarrow (x+1)(x^2-x+1)=0$

$$x^3+1=0 \qquad \therefore x^3=-1$$

기 | 본 | 예 | 제 34

$x^2+x+1=0$일 때, $x^{101}+x^{100}$의 값을 구하시오.

탐구 $x^2+x+1=0 \rightarrow (x-1)(x^2+x+1)=0 \rightarrow x^3-1=0 \rightarrow x^3=1$ 이용

풀이 **1st** 조건식의 양변에 $x-1$을 곱하여 정리하면

$$(x-1)(x^2+x+1)=0$$

$$x^3-1=0$$

$$\therefore x^3=1$$

2nd 구한 값을 준식에 대입하여 계산하면

$$(준식)=(x^3)^{33}\times x^2+(x^3)^{33}\times x$$

$$=x^2+x=-1$$

정답 -1

→ (2차식)(2차식)은 4차의 다항식으로 전개된다.

(1) $(x^2 + ax + a^2)(x^2 - ax + a^2) = x^4 + a^2x^2 + a^4$

(2) $(x^2 + xy + y^2)(x^2 - xy + y^2) = x^4 + x^2y^2 + y^4$

강의 **곱셈 공식(Ⅶ)**

→ 중앙항의 부호가 다른 2차식의 곱을 전개하는 공식이다!

→ (중앙항의 부호가 다른 2차식의 곱)=(제곱)+(제곱)+(제곱)

→ $(x^2 + xy + y^2)(x^2 - xy + y^2) = (x^2)^2 + (xy)^2 + (y^2)^2$
$$= x^4 + x^2y^2 + y^4$$

기|본|예|제 35

다음 식을 전개하시오.

(1) $(x^2 + x + 1)(x^2 - x + 1)$

(2) $(x^2 + 3x + 9)(x^2 - 3x + 9)$

(3) $(4x^2 + 6xy + 9y^2)(4x^2 - 6xy + 9y^2)$

탐구 (중앙항의 부호가 다른 2차식의 곱)=(제곱)+(제곱)+(제곱)

풀이 **1st** 곱셈 공식을 이용하여 준식을 전개하면

(1) (준식)$= (x^2)^2 + x^2 + 1^2 = x^4 + x^2 + 1$

(2) (준식)$= (x^2)^2 + (3x)^2 + 9^2 = x^4 + 9x^2 + 81$

(3) (준식)$= (4x^2)^2 + (6xy)^2 + (9y^2)^2$
$$= 16x^4 + 36x^2y^2 + 81y^4$$

정답 (1) $x^4 + x^2 + 1$　　　(2) $x^4 + 9x^2 + 81$　　　(3) $16x^4 + 36x^2y^2 + 81y^4$

MEMO

8 동일부분이 있는 식의 전개

(1) 동일부분을 X로 치환하여 전개한 후 다시 환원한다.

(2) 동일부분을 한 묶음으로 보고 전개한다.

강의 동일부분과 공통부분

➜ 동일부분은 치환하고 공통부분은 추출하는 것이다!

① 동일부분 → 치환 이용

② 공통부분 → 추출 이용

기｜본｜예｜제 36

다음 식을 전개하시오.

(1) $(x^2-x-3)(x^2-x+1)$　　　　　(2) $(x-1)(x+1)(x+2)(x+4)$

탐구　① 동일부분 → 치환 이용

② 두 개씩 짝지어 전개한 후 동일부분 치환

풀이　(1) **1st** $x^2-x=X$로 치환하면

$$（준식）=(X-3)(X+1)=X^2-2X-3$$

2nd $X=x^2-x$로 환원하고 전개하면

$$(x^2-x)^2-2(x^2-x)-3=x^4-2x^3+x^2-2x^2+2x-3$$
$$=x^4-2x^3-x^2+2x-3$$

(2) **1st** 치환할 것을 고려하여 두 개씩 짝지어 전개하면

$$（준식）=\{(x-1)(x+4)\}\{(x+1)(x+2)\}$$
$$=(x^2+3x-4)(x^2+3x+2)$$

2nd $x^2+3x=X$로 치환하면

$$(X-4)(X+2)=X^2-2X-8$$

3rd $X=x^2+3x$로 환원하면

$$(x^2+3x)^2-2(x^2+3x)-8=x^4+6x^3+9x^2-2x^2-6x-8$$
$$=x^4+6x^3+7x^2-6x-8$$

정답　(1) $x^4-2x^3-x^2+2x-3$　　　(2) $x^4+6x^3+7x^2-6x-8$

04 곱셈 공식의 변형

1 변형 공식(I)

→ 곱셈 공식을 사용하기 좋게 변형한 공식이다.

(1) $x^2 + y^2 = (x+y)^2 - 2xy$

(2) $x^2 + y^2 = (x-y)^2 + 2xy$

(3) $x^2 + y^2 + z^2 = (x+y+z)^2 - 2(xy+yz+zx)$

강의 **변형 공식(I)**

→ 완전제곱식으로 변형하는 공식이다!

→ 곱셈 공식 → 변형 공식

① $(a+b)^2 = a^2 + b^2 + 2ab$

→ $a^2 + b^2 = (a+b)^2 - 2ab$

② $(a-b)^2 = a^2 + b^2 - 2ab$

→ $a^2 + b^2 = (a-b)^2 + 2ab$

③ $(a+b+c)^2 = a^2 + b^2 + c^2 + 2(ab+bc+ca)$

→ $a^2 + b^2 + c^2 = (a+b+c)^2 - 2(ab+bc+ca)$

기|본|예|제 37

다음을 구하시오.

(1) $x+y=3$, $xy=2$일 때, $x^2 + y^2$의 값을 구하시오.

(2) $x-y=1$, $xy=2$일 때, $x^2 + y^2$의 값을 구하시오.

탐구 ① 합과 곱을 알 때는 $x^2 + y^2 = (x+y)^2 - 2xy$를 이용한다.

② 차와 곱을 알 때는 $x^2 + y^2 = (x-y)^2 + 2xy$를 이용한다.

풀이 ⟨1st⟩ 변형 공식을 이용하여 계산하면

(1) (준식) $= (x+y)^2 - 2xy$

$= 3^2 - 2 \times 2 = 5$

(2) (준식) $= (x-y)^2 + 2xy$

$= 1 + 4 = 5$

정답 (1) 5 (2) 5

다음을 구하시오.

(1) $x-y=1$, $x^2+y^2=13$일 때, $\dfrac{y}{x}+\dfrac{x}{y}$의 값을 구하시오.

(2) $(x+y)^2=5$, $xy=1$일 때, x^4+y^4의 값을 구하시오.

탐구 ① $x^2+y^2=(x-y)^2+2xy$를 이용하여 xy를 구한다.

② $(x^2)^2+(y^2)^2=(x^2+y^2)^2-2x^2y^2$을 이용한다.

풀이 (1) **1st** 변형 공식을 이용하여 xy의 값을 구하면

$x^2+y^2=(x-y)^2+2xy$에서

$13=1^2+2xy$　∴　$xy=6$

2nd 준식을 정리하고 계산하면

$(준식)=\dfrac{x^2+y^2}{xy}=\dfrac{13}{6}$

(2) **1st** 변형 공식을 이용하여 x^2+y^2의 값을 구하면

$x^2+y^2=(x+y)^2-2xy$

$=5-2\times1=3$

2nd 준식을 $(x^2)^2+(y^2)^2$으로 바꾸어 변형 공식을 이용하면

$(준식)=(x^2)^2+(y^2)^2$

$=(x^2+y^2)^2-2x^2y^2$

$=(x^2+y^2)^2-2(xy)^2$

$=3^2-2\times1=7$

정답 (1) $\dfrac{13}{6}$　(2) 7

$a+b+c=6$, $ab+bc+ca=5$일 때, $a^2+b^2+c^2$의 값을 구하시오.

탐구 변형 공식 $a^2+b^2+c^2=(a+b+c)^2-2(ab+bc+ca)$를 이용한다.

풀이 **1st** 변형 공식을 이용하여 준식의 값을 구하면

$(준식)=(a+b+c)^2-2(ab+bc+ca)$

$=6^2-2\times5=26$

정답 26

2 변형 공식(Ⅱ)

→ 차를 알고 합을 구하거나 합을 알고 차를 구할 때 이용한다.

(1) $(x+y)^2 = (x-y)^2 + 4xy$

(2) $(x-y)^2 = (x+y)^2 - 4xy$

강의 **변형 공식(Ⅱ)**

→ 차를 알고 합을 구할 때, 합을 알고 차를 구할 때 쓰는 공식이다!

① $(a+b)^2 = (a-b)^2 + 4ab$

② $(a-b)^2 = (a+b)^2 - 4ab$

기│본│예│제 40

다음을 구하시오.

(1) $x+y=3$, $xy=2$일 때, $x-y$의 값을 구하시오.

(2) $x-y=\sqrt{17}$, $xy=2$일 때, $x+y$의 값을 구하시오.

탐구 ① 차를 구할 때는 $(x-y)^2 = (x+y)^2 - 4xy$ 이용!

② 합을 구할 때는 $(x+y)^2 = (x-y)^2 + 4xy$ 이용!

풀이 (1) (1st) 차를 구하는 변형 공식을 이용하면

$$(x-y)^2 = (x+y)^2 - 4xy = 3^2 - 4 \times 2 = 1$$

$$\therefore x-y = \pm 1$$

(2) (1st) 합을 구하는 변형 공식을 이용하면

$$(x+y)^2 = (x-y)^2 + 4xy$$

$$= (\sqrt{17})^2 + 4 \times 2 = 17 + 8 = 25$$

$$\therefore x+y = \pm 5$$

정답 (1) ± 1 (2) ± 5

◢MEMO

3 변형 공식(Ⅲ)

→ 변형 공식 또는 인수분해를 이용한다.

(1) $x^3 + y^3 = (x+y)^3 - 3xy(x+y) = (x+y)(x^2 - xy + y^2)$

(2) $x^3 - y^3 = (x-y)^3 + 3xy(x-y) = (x-y)(x^2 + xy + y^2)$

강의 **변형 공식(Ⅲ)**

→ 완전세제곱식으로 변형하는 공식이다!

→ 세제곱의 합 or 차 → 변형 공식 or 인수분해 이용

① $a^3 + b^3 = (a+b)^3 - 3ab(a+b) = (a+b)(a^2 - ab + b^2)$

② $a^3 - b^3 = (a-b)^3 + 3ab(a-b) = (a-b)(a^2 + ab + b^2)$

기│본│예│제 41

$a+b=1$, $ab=-2$일 때, 다음을 구하시오.(단, $a < b$)

(1) $a^3 + b^3$　　　　　　(2) $a - b$　　　　　　(3) $a^3 - b^3$

탐구　① 세제곱의 합 → $a^3 + b^3 = (a+b)^3 - 3ab(a+b)$ 이용!

　　　② 세제곱의 차 → $a^3 - b^3 = (a-b)^3 + 3ab(a-b)$ 이용!

풀이　(1) **1st** 세제곱의 합을 구하는 변형 공식을 이용하면

$$a^3 + b^3 = (a+b)^3 - 3ab(a+b)$$
$$= 1^3 - 3 \times (-2) \times 1 = 7$$

(2) **1st** 차를 구하는 변형 공식을 이용하면

$$(a-b)^2 = (a+b)^2 - 4ab$$
$$= 1^2 - 4 \times (-2) = 9$$
$$\therefore a - b = \pm 3$$

2nd $a < b$이므로 $a-b$의 값을 구하면

$$a - b = -3$$

(3) **1st** 세제곱의 차를 구하는 변형 공식을 이용하면

$$a^3 - b^3 = (a-b)^3 + 3ab(a-b)$$
$$= (-3)^3 + 3 \times (-2) \times (-3)$$
$$= -9$$

정답　(1) 7　　　　(2) -3　　　(3) -9

4 변형 공식(IV)

→ 준식에 2를 곱하고 변형한 후 2로 나눈 공식이다.

(1) $x^2+y^2+z^2-xy-yz-zx=\dfrac{1}{2}\{(x-y)^2+(y-z)^2+(z-x)^2\}$

(2) $x^2+y^2+z^2+xy+yz+zx=\dfrac{1}{2}\{(x+y)^2+(y+z)^2+(z+x)^2\}$

강의 변형 공식(IV)

→ $\dfrac{1}{2}\times 2$(준식)을 이용하여 세 개의 완전제곱식으로 변형하는 공식이다!

→ (준식) $=\dfrac{1}{2}\times 2$(준식) → $\dfrac{1}{2}$ (완전제곱식)

① $a^2+b^2+c^2+ab+bc+ca=\dfrac{1}{2}(2a^2+2b^2+2c^2+2ab+2bc+2ca)$

$\qquad\qquad\qquad\qquad\qquad =\dfrac{1}{2}\{(a^2+2ab+b^2)+(b^2+2bc+c^2)+(c^2+2ca+a^2)\}$

$\qquad\qquad\qquad\qquad\qquad =\dfrac{1}{2}\{(a+b)^2+(b+c)^2+(c+a)^2\}$

② $a^2+b^2+c^2-ab-bc-ca=\dfrac{1}{2}\{(a-b)^2+(b-c)^2+(c-a)^2\}$

기|본|예|제 42

삼각형의 세 변의 길이가 a, b, c일 때, $a^2+b^2+4c^2-ab-2bc-2ca=0$을 만족하는 삼각형이 어떤 삼각형인지 말하시오.

탐구 (준식) $=\dfrac{1}{2}\times 2$(준식)을 이용하여 완전제곱꼴로 변형한다.

풀이 **1st** 준식에 2를 곱하고 완전제곱꼴로 변형한 후 2로 나누면

$\quad$ (준식) $=\dfrac{1}{2}(2a^2+2b^2+8c^2-2ab-4bc-4ca)$

$\qquad\qquad =\dfrac{1}{2}\{(a^2-2ab+b^2)+(b^2-4bc+4c^2)+(4c^2-4ca+a^2)\}$

$\qquad\qquad =\dfrac{1}{2}\{(a-b)^2+(b-2c)^2+(2c-a)^2\}=0$

$\quad$ **2nd** $a-b=0$이고 $b-2c=0$이고 $2c-a=0$이므로

$\qquad a=b=2c$

$\qquad$ 따라서 주어진 삼각형은 $a=b$인 이등변삼각형이다.

정답 $a=b$인 이등변삼각형

→ 역수 관계인 변형 공식에서는 곱 $x \times \dfrac{1}{x} = 1$이 된다.

(1) $x^2 + \dfrac{1}{x^2} = \left(x - \dfrac{1}{x}\right)^2 + 2$, $x^2 + \dfrac{1}{x^2} = \left(x + \dfrac{1}{x}\right)^2 - 2$

(2) $\left(x - \dfrac{1}{x}\right)^2 = \left(x + \dfrac{1}{x}\right)^2 - 4$, $\left(x + \dfrac{1}{x}\right)^2 = \left(x - \dfrac{1}{x}\right)^2 + 4$

(3) $x^3 - \dfrac{1}{x^3} = \left(x - \dfrac{1}{x}\right)^3 + 3\left(x - \dfrac{1}{x}\right)$, $x^3 + \dfrac{1}{x^3} = \left(x + \dfrac{1}{x}\right)^3 - 3\left(x + \dfrac{1}{x}\right)$

강의 **변형 공식(Ⅴ)**

→ 역수 관계일 때, $x \times \dfrac{1}{x} = 1$을 이용하는 변형 공식이다!

→ 역수 관계 변형 공식: $x \times \dfrac{1}{x} = 1$

① $a^2 + b^2 = (a+b)^2 - 2ab$　　　→ $x^2 + \dfrac{1}{x^2} = \left(x + \dfrac{1}{x}\right)^2 - 2$

　 $a^2 + b^2 = (a-b)^2 + 2ab$　　　→ $x^2 + \dfrac{1}{x^2} = \left(x - \dfrac{1}{x}\right)^2 + 2$

② $(a-b)^2 = (a+b)^2 - 4ab$　　　→ $\left(x - \dfrac{1}{x}\right)^2 = \left(x + \dfrac{1}{x}\right)^2 - 4$

　 $(a+b)^2 = (a-b)^2 + 4ab$　　　→ $\left(x + \dfrac{1}{x}\right)^2 = \left(x - \dfrac{1}{x}\right)^2 + 4$

③ $a^3 + b^3 = (a+b)^3 - 3ab(a+b)$ → $x^3 + \dfrac{1}{x^3} = \left(x + \dfrac{1}{x}\right)^3 - 3\left(x + \dfrac{1}{x}\right)$

　 $a^3 - b^3 = (a-b)^3 + 3ab(a-b)$ → $x^3 - \dfrac{1}{x^3} = \left(x - \dfrac{1}{x}\right)^3 + 3\left(x - \dfrac{1}{x}\right)$

주의 **역수 관계**

① $x \times \dfrac{1}{x} = 1$　　　② $\dfrac{b}{a} \times \dfrac{a}{b} = 1$　　　③ $a^x \times a^{-x} = 1$

$x - \dfrac{1}{x} = -1$일 때, $x^4 + \dfrac{1}{x^4}$의 값을 구하시오.

탐구 ① $x^2 + \dfrac{1}{x^2} = \left(x - \dfrac{1}{x}\right)^2 + 2$ ② $x^4 + \dfrac{1}{x^4} = (x^2)^2 + \left(\dfrac{1}{x^2}\right)^2 = \left(x^2 + \dfrac{1}{x^2}\right)^2 - 2$

풀이 **1st** 변형 공식을 이용하여 $x^2 + \dfrac{1}{x^2}$의 값을 구하면

$$x^2 + \dfrac{1}{x^2} = \left(x - \dfrac{1}{x}\right)^2 + 2 = (-1)^2 + 2 = 3$$

2nd 준식을 $(x^2)^2 + \left(\dfrac{1}{x^2}\right)^2$으로 바꾸어 변형 공식을 이용하면

$$(준식) = (x^2)^2 + \left(\dfrac{1}{x^2}\right)^2 = \left(x^2 + \dfrac{1}{x^2}\right)^2 - 2 = 3^2 - 2 = 7$$

✔정답   7

$x - \dfrac{1}{x} = 2$일 때, $3x^3 - 2x^2 - \dfrac{2}{x^2} - \dfrac{3}{x^3}$의 값을 구하시오.

탐구 역수 관계식 문제는 변형 공식을 이용하여 계산한다.

풀이 **1st** 준식을 적당히 묶어서 변형 공식을 이용하면

$$(준식) = 3\left(x^3 - \dfrac{1}{x^3}\right) - 2\left(x^2 + \dfrac{1}{x^2}\right)$$

$$= 3\left\{\left(x - \dfrac{1}{x}\right)^3 + 3\left(x - \dfrac{1}{x}\right)\right\} - 2\left\{\left(x - \dfrac{1}{x}\right)^2 + 2\right\}$$

$$= 3(8 + 6) - 2(4 + 2) = 30$$

✔정답   30

MEMO

6 대칭식

→ 문자를 서로 바꾸어도 식이 변하지 않는 식을 **대칭식**이라 한다.
모든 대칭식은 기본 대칭식으로 표시된다.

[1] 2문자의 기본 대칭식

→ $x+y$, xy

[2] 3문자의 기본 대칭식

→ $x+y+z$, $xy+yz+zx$, xyz

강의 **대칭식 문제**

→ 대칭식임을 파악하고 기본 대칭식으로 나타내어야 한다!

→ 출제: 문자 호환 → 식 불변 → 대칭식

→ 해법: 기본 대칭식 표시 → 값 대입 → 답

① 2문자 → $x+y$, xy

② 3문자 → $x+y+z$, $xy+yz+zx$, xyz

주의 특별한 대칭식의 변형

1단계: $x+y$, xy → x^2+y^2, x^3+y^3

2단계: ① $x^5+y^5 = (x^2+y^2)(x^3+y^3) - x^2y^3 - x^3y^2$

② $x^6+y^6 = (x^3+y^3)^2 - 2x^3y^3$

기 | 본 | 예 | 제 45

$x+y=3$, $xy=2$일 때, x^6+y^6의 값을 구하시오.

탐구 $x^6+y^6 = (x^3+y^3)^2 - 2x^3y^3$을 이용한다.

풀이 **1st** 세제곱의 합을 구하는 변형 공식을 이용하면

$$x^3+y^3 = (x+y)^3 - 3xy(x+y)$$
$$= 3^3 - 3 \times 2 \times 3 = 9$$

2nd 준식을 $(x^3)^2 + (y^3)^2$으로 놓고 변형 공식을 이용하면

$$(준식) = (x^3)^2 + (y^3)^2 = (x^3+y^3)^2 - 2(xy)^3$$
$$= 9^2 - 2 \times 2^3 = 81 - 16 = 65$$

정답 65

반복 학습 기록란.

가장 좋은 학습 방법은 학교에서나 학원에서나 선생님의 강의를 열심히 듣고 여러 번 반복 학습하는 것입니다.
지금부터 당장 선생님의 강의를 열심히 듣고 반복! 반복하십시오. 그러면 곧 모든 과목에 자신이 생길 것입니다.

회수	시작이 반!			끝을 봐야!			확인
제1회	년	월	일부터	년	월	일까지	
제2회	년	월	일부터	년	월	일까지	
제3회	년	월	일부터	년	월	일까지	
제4회	년	월	일부터	년	월	일까지	
제5회	년	월	일부터	년	월	일까지	
제6회	년	월	일부터	년	월	일까지	
제7회	년	월	일부터	년	월	일까지	
제8회	년	월	일부터	년	월	일까지	
제9회	년	월	일부터	년	월	일까지	
제10회	년	월	일부터	년	월	일까지	

단원 점검문제

▶ 아무런 도움 없이 스스로 연습장에 풀어 단원에 대한 성취도를 평가하고 미흡한 점이 있으면 배운 부분을 다시 반복 학습하도록 하자.

01 다음 중 다항식인 것을 모두 고르시오.

① $x - \dfrac{1}{3}$ ② $x - \dfrac{1}{x}$ ③ $\sqrt{3}\,x$ ④ $\sqrt{3x}$ ⑤ $\dfrac{x}{3} - x^2$

02 다음 중 단항식인 것을 모두 고르시오.

① $x + 3$ ② $5x - 2y - 3$ ③ 1 ④ $\dfrac{3x^2}{2}$ ⑤ $-2y + \dfrac{1}{4}$

03 다음 x, y, z에 대한 다항식 중에서 $-3x^3y^2z$의 동류항이 아닌 것을 모두 고르시오.

① $\dfrac{1}{2}y^2zx^3$ ② $\sqrt{5}\,zx^3y$ ③ $-3xy^2z^3$

④ $-\dfrac{\sqrt{3}\,x^3zy^2}{2}$ ⑤ $4zx^3y^2$

04 $x^2yz + xyz + yz - xy^2 - xz^2$을 x에 대하여 다음 방법으로 정리하시오.
(1) 내림차순   (2) 오름차순

05 다음 식이 세 문자로 구성되어 윤환식으로 배열된다는 사실을 알고, $a^3 + b^3 + c^3 - 3abc$를 인수분해하시오.

06 세 다항식 $A = x^2 + xy$, $B = x^2 - y^2$, $C = -2xy + 4y^2$에 대하여 $2A - 3B + C$를 계산하시오.

07 세 다항식 $A = x^2 + 2xy - 3y^2$, $B = x^2 + xy - y^2$, $C = -2x^2 - 2xy + y^2$에 대하여 $2A - (B + X) = B - C$를 만족하는 다항식 X를 구하시오.

08 두 다항식 A, B에 대하여 다음이 성립할 때, $2A - B$를 구하시오.
$$2A + B = 6x^4 - 2x^3 + x + 1$$
$$A + B = 2x^4 + 3x^3 - x^2 - 2x + 1$$

09 $\dfrac{1}{4}xy^2 \times \left(\dfrac{2}{3}x^2y^2\right)^2 \times (-3xy)^3$을 간단히 하시오.

10 다음을 전개하시오.
(1) $2(x + y - z)$ 　　　　　　　 (2) $(2x - y)(x^2 - xy + y^2)$

11 $ab = 2$일 때, $\left(2a + \dfrac{1}{b}\right)\left(3b + \dfrac{4}{a}\right)$의 값을 구하시오.

12 $(3x^3 - x^2 + x - 1)(4x^4 - 3x^3 + 2x^2 + 2x - 3)$의 전개식에서 x^3, x^4의 계수를 각각 a, b라 할 때, $a+b$의 값을 구하시오.

13 다음 중에서 옳지 않은 것을 고르시오. (단, $a \neq 0$)

① $a^5 \div a^3 = a^2$ ② $a^5 \div a^5 = 1$ ③ $a^3 \div a^5 = a^2$

④ $\dfrac{a^5}{a^3} = a^2$ ⑤ $\dfrac{a^3}{a^5} = \dfrac{1}{a^2}$

14 다음 식을 간단히 하시오.

(1) $\left(\dfrac{1}{2}ab\right)^2 \times \left(-\dfrac{1}{3}a^2b\right)^3 \div \left(\dfrac{1}{2}ab^2\right)$

(2) $\{(a^2)^3\}^2 \div (-a)^3 \times (-a^2)^2$

(3) $(3x^3y^2z)^2 \times 4x^2y^3z \div (-2xy^3z^2) \div (xyz)$

15 $2^{x+1} = A$일 때, 2^{3x-2}를 A의 식으로 나타내시오.

16 다음 다항식의 나눗셈에서 몫과 나머지를 구하시오.

$$(4x^5 - 2x^4 - 6x^2 - 3x + 5) \div 2x^2$$

17 다음 다항식의 나눗셈에서 몫과 나머지를 구하시오.

$$(6x^4 - 4x^2 + 3x - 2) \div (x^2 - 2x + 2)$$

18 $(x^4 - x^3 - 3x^2 - x + 3) \div (x + 2)$의 몫과 나머지를 조립제법을 이용하여 구하는 과정이다.
상수 a, b, c, d에 대하여 $a + b + c + d$의 값을 구하시오.

a	1	-1	-3	-1	3
		-2	c	-6	14
	1	b	3	d	17

19 다항식 $x^3 - 4x^2 + x - 5$를 $x - 2$로 나누었을 때의 몫과 나머지를 구하시오.

20 $(2x^3 - 7x^2 + 9) \div (2x - 3)$의 몫과 나머지를 구하시오.

21 다음을 전개하시오.

(1) $(2x + 3y)^2$

(2) $(3x - 2y)^2$

(3) $(a - b - c)^2$

(4) $(x + y - z)^2$

22 다음 식을 전개하시오.

(1) $(2x-3y)(2x+3y)$

(2) $\left(\dfrac{1}{2}x+y\right)\left(-\dfrac{1}{2}x+y\right)$

23 $(2x+y)(2x-y)-(x-2y)(-x-2y)$를 계산하시오.

24 $(x-y)(x+y)(x^2+y^2)(x^4+y^4)(x^8+y^8)$을 전개하시오.

25 $2(3+1)(3^2+1)(3^4+1)=3^8+\square$에서 $\square$ 안에 들어갈 수를 구하시오.

26 $(a+b)(a-b)=a^2-b^2$임을 이용하여 다음을 계산하시오.

(1) 49×51

(2) 1.7×2.3

27 다음 식을 전개하시오.

(1) $(x-3y)(x+2y)$

(2) $(6x+5y)(4x+3y)$

(3) $(2x+3y)(4x-5y)$

(4) $(x-7y)(2x-3y)$

28 다음 식을 전개하시오.

(1) $(x+2)^3$ (2) $(2x+3y)^3$ (3) $(3x-2y)^3$

29 $(a+b)^4$을 전개하시오.

30 다음 식을 전개하시오.

(1) $(x+1)(x+2)(x+3)$ (2) $(x-1)(x+2)(x-3)$

31 $x+y+z=3$, $xy+yz+zx=2$, $xyz=1$일 때, $(x+y)(y+z)(z+x)$의 값을 구하시오.

32 다음 식을 전개하시오.

(1) $(2a+3b)(4a^2-6ab+9b^2)$

(2) $(x-1)(x+1)(x^2+x+1)(x^2-x+1)$

33 다음 식을 전개하시오.

$$(x+y-3)(x^2+y^2+9-xy+3y+3x)$$

34 $x^2 + x + 1 = 0$일 때, $x^{101} + x^{100}$의 값을 구하시오.

35 다음 식을 전개하시오.

(1) $(x^2 + x + 1)(x^2 - x + 1)$

(2) $(x^2 + 3x + 9)(x^2 - 3x + 9)$

(3) $(4x^2 + 6xy + 9y^2)(4x^2 - 6xy + 9y^2)$

36 다음 식을 전개하시오.

(1) $(x^2 - x - 3)(x^2 - x + 1)$ 　　　　(2) $(x - 1)(x + 1)(x + 2)(x + 4)$

37 다음을 구하시오.

(1) $x + y = 3$, $xy = 2$일 때, $x^2 + y^2$의 값을 구하시오.

(2) $x - y = 1$, $xy = 2$일 때, $x^2 + y^2$의 값을 구하시오.

38 다음을 구하시오.

(1) $x - y = 1$, $x^2 + y^2 = 13$일 때, $\dfrac{y}{x} + \dfrac{x}{y}$의 값을 구하시오.

(2) $(x + y)^2 = 5$, $xy = 1$일 때, $x^4 + y^4$의 값을 구하시오.

39 $a + b + c = 6$, $ab + bc + ca = 5$일 때, $a^2 + b^2 + c^2$의 값을 구하시오.

40 다음을 구하시오.

(1) $x+y=3$, $xy=2$일 때, $x-y$의 값을 구하시오.

(2) $x-y=\sqrt{17}$, $xy=2$일 때, $x+y$의 값을 구하시오.

41 $a+b=1$, $ab=-2$일 때, 다음을 구하시오.(단, $a<b$)

(1) a^3+b^3 (2) $a-b$ (3) a^3-b^3

42 삼각형의 세 변의 길이가 a, b, c일 때, $a^2+b^2+4c^2-ab-2bc-2ca=0$을 만족하는 삼각형이 어떤 삼각형인지 말하시오.

43 $x-\dfrac{1}{x}=-1$일 때, $x^4+\dfrac{1}{x^4}$의 값을 구하시오.

44 $x-\dfrac{1}{x}=2$일 때, $3x^3-2x^2-\dfrac{2}{x^2}-\dfrac{3}{x^3}$의 값을 구하시오.

45 $x+y=3$, $xy=2$일 때, x^6+y^6의 값을 구하시오.

P A R T

02

항등식과 나머지 정리

1 항등식
2 나머지 정리
◆ 반복 학습 기록란
◆ 단원 점검문제

명언

아무것도 모르는 것이 수치가 아니라 아무것도 배우려 하지 않는 것이 수치다.
- 소크라테스 -

01 항등식

1 항등식

1 항등식

[1] 항등식의 정의
➜ 모든 값에 대하여 항상 성립하는 등식을 **항등식**이라 한다.

[2] 항등식의 성질
(1) 항등식은 양변의 같은 차수의 계수가 서로 같다.

    ① $ax^2+bx+c=0$이 x에 대한 항등식이면 $a=0$, $b=0$, $c=0$

    ② $ax^2+bx+c=a'x^2+b'x+c'$이 x에 대한 항등식이면 $a=a'$, $b=b'$, $c=c'$

(2) 항등식은 문자에 어떤 값을 대입해도 항상 성립한다.

[3] 항등식의 정체
(1) 모든 값에 대하여 성립하면 항등식이다.
(2) 공식, 법칙에 의해 변형된 식은 항등식이다.
(3) 나눗셈 관계식, 함수 관계식은 항등식이다.
(4) n차식이 $n+1$개 이상의 근을 가지면 항등식이다.

강의 **항등식의 성질**

➜ 양변의 계수가 서로 같다!

① $ax^2+bx+c=0$: 항등식 → $a=0$, $b=0$, $c=0$

② $ax^2+bx+c=a'x^2+b'x+c'$: 항등식 → $a=a'$, $b=b'$, $c=c'$

기|본|예|제 01

다음 등식이 x에 대한 항등식일 때, 상수 a, b, c의 값을 구하시오.
$$(a+1)x^2+(b+4)x+3-c=0$$

탐구 $ax^2+bx+c=0$이 항등식 → $a=0$, $b=0$, $c=0$

풀이   (1st) 주어진 등식이 x에 대한 항등식이므로

         $a+1=0$에서 $a=-1$

         $b+4=0$에서 $b=-4$

         $3-c=0$에서 $c=3$

정답 $a=-1$, $b=-4$, $c=3$

등식 $x^2+(a+b)x+a-2b=x^2+3x$이 x에 대한 항등식일 때, 상수 a, b의 값을 구하시오.

탐구 $ax^2+bx+c=a'x^2+b'x+c'$이 항등식 → $a=a'$, $b=b'$, $c=c'$

풀이   **1st** 주어진 등식이 x에 대한 항등식이므로

$a+b=3$, $a-2b=0$

2nd 두 식을 연립하여 a, b의 값을 구하면

$a=2$, $b=1$

정답 $a=2$, $b=1$

강의 **항등식 문제**

→ 다음과 같이 출제되므로 꼭 알아두어야 한다!

① all이 있으면 항등식이다. → 모든, 임의의, 관계없이

② 법칙은 항등식이다. → 교환법칙, 결합법칙, 분배법칙

③ 공식은 항등식이다. → 곱셈 공식, 인수분해 공식

④ 관계식은 항등식이다. → 나눗셈 관계식, 함수 관계식

주의 n차식 $\begin{cases} \text{근 } n\text{개} \rightarrow \text{방정식} \\ \text{근 } n+1\text{개 이상} \rightarrow \text{항등식} \end{cases}$

등식 $x^2+(3-a)x+2=cx^2+5x+b+2$를 만족하는 x가 3개 이상일 때, 상수 a, b, c에 대하여 $a+b+c$의 값을 구하시오.

탐구   이차식이 세 근 이상을 가지면 항등식이다.

풀이   **1st** 이차식을 만족하는 x가 3개 이상이면 항등식이므로

$1=c$, $3-a=5$, $2=b+2$

∴ $a=-2$, $b=0$, $c=1$

2nd $a+b+c$의 값을 구하면

$a+b+c=-1$

정답 -1

2 미정계수법

→ 항등식의 정의 및 성질을 이용하여 아직 정해지지 않은 계수를 결정하는 방법을 **미정계수법**이라 한다.

[1] 계수비교법

(1) 항등식은 양변의 같은 차수의 계수가 서로 같다.

(2) 내림차순으로 정리하기 쉬울 때, 계수비교법을 사용한다.

첫째, 양변을 각각 내림차순으로 정리한다.

둘째, 같은 차수의 계수는 같다고 놓아 방정식을 세운다.

셋째, 방정식을 푼다.

[2] 수치대입법

(1) 항등식은 문자에 어떤 값을 대입해도 항상 성립한다.

(2) 인수의 곱의 꼴로 되어 있을 때, 수치대입법을 사용한다.

첫째, (곱의 꼴)=0이 되는 수나 간단한 수를 대입하여 방정식을 세운다.

둘째, 방정식을 푼다.

강의 항등식의 미정계수법

→ 계수비교법과 수치대입법이 있다!

① 계수비교법

　→ 내림차순이 용이할 때

　→ 차수가 같은 항의 계수끼리 같다고 놓아 미정계수를 구한다.

② 수치대입법

　→ 인수의 곱의 꼴로 되어 있을 때

　→ 적당한 수를 대입하여 미정계수를 구한다.

주의 연속 조립제법

　→ 1차식의 내림차순으로 정리된 각 항의 계수를 찾을 때

　→ 연속으로 조립제법을 써서 나머지들로 미정계수를 구한다.

등식 $kx^2 - 2k(2+k)x + k^2y + 4k = 0$이 임의의 k의 값에 대하여 성립할 때, $x+y$의 값을 구하시오.

탐구   임의의 k의 값에 대하여 성립하면 등식은 k에 대한 항등식이다.

풀이   **1st** 주어진 식을 전개한 후 k에 대하여 내림차순으로 정리하면

$$kx^2 - 4kx - 2k^2x + k^2y + 4k = 0$$

$$(-2x+y)k^2 + (x^2 - 4x + 4)k = 0$$

       2nd 준식은 k에 대한 항등식이므로 계수비교법을 이용하여 x, y의 값을 구하면

$$-2x+y = 0, \ x^2 - 4x + 4 = 0 \text{에서 } x = 2, \ y = 4$$

       3rd $x+y$의 값을 구하면

$$x+y = 2 + 4 = 6$$

✓ 정답   6

등식 $(ax-1)(4x^2 + bx + c) = 8x^3 - 1$이 x에 대한 항등식일 때, 상수 a, b, c에 대하여 abc의 값을 구하시오.

탐구 x에 대한 항등식 → 전개하여 계수비교법 이용 !

풀이   **1st** 좌변을 전개하여 x에 대한 내림차순으로 정리하면

$$(\text{좌변}) = 4ax^3 + abx^2 + acx - 4x^2 - bx - c$$

$$= 4ax^3 + (ab-4)x^2 + (ac-b)x - c = 8x^3 - 1$$

       2nd 주어진 등식이 항등식이므로 계수비교법을 이용하여 a, b, c의 값을 구하면

$$4a = 8, \ ab - 4 = 0, \ -c = -1$$

$$\therefore \ a = 2, \ b = 2, \ c = 1$$

       3rd abc의 값을 구하면

$$abc = 2 \times 2 \times 1 = 4$$

✓ 정답   4

MEMO

다항식 $f(x)$에 대하여 등식 $(x-1)(x^2+1)f(x)=x^8-ax^2-b$가 x에 대한 항등식이 되도록 상수 a, b를 정할 때, a^2+b^2의 값을 구하시오.

탐구 x에 대한 항등식 → 곱의 꼴이므로 수치대입법 이용 !

풀이   **(1st)** $(x-1)(x^2+1)=0$이 되는 값 $x=1$, $x^2=-1$을 주어진 등식에 대입하면

      ⅰ) $x=1$일 때, $0=1-a-b$

        $\therefore a+b=1$ ······ ①

      ⅱ) $x^2=-1$일 때, $0=1+a-b$

        $\therefore a-b=-1$ ······ ②

   (2nd) ①과 ②를 연립하여 a, b의 값을 구하면

      $a=0$, $b=1$

   (3rd) a^2+b^2의 값을 구하면

      $a^2+b^2=0^2+1^2=1$

✔ **정답**   1

$\dfrac{6x+2a}{3x+2}$가 x의 값에 관계없이 항상 일정한 값을 가질 때, 상수 a의 값을 구하시오. $\left(단,\ x\neq-\dfrac{2}{3}\right)$

탐구   ① x의 값에 관계없이 → x에 대한 항등식 !

      ② 일정 → (준식)$=k$(상수)로 놓아라!

풀이   **(1st)** $\dfrac{6x+2a}{3x+2}=k$(k는 상수)로 놓고 양변에 $3x+2$를 곱하면

      $6x+2a=k(3x+2)$

      $6x+2a=3kx+2k$ ······ ①

   (2nd) ①은 x에 대한 항등식이므로 계수비교법을 이용하면

      $6=3k$에서 $k=2$

      $2a=2k$에서 $a=2$

✔ **정답**   2

등식 $2x^3 - 2x^2 + 3x + 3 = a(x-1)^3 + b(x-1)^2 + c(x-1) + d$가 x에 대한 항등식일 때,

상수 a, b, c, d에 대하여 $\dfrac{b+d}{ac}$의 값을 구하시오.

탐구 $x-1$에 대한 내림차순 → 연속 조립제법 이용!

풀이 **1st** 등식의 우변이 $x-1$에 대한 내림차순이므로 $x-1$로 나누는 조립제법을 연속으로
이용하면

$$
\begin{array}{r|rrrr}
1 & 2 & -2 & 3 & 3 \\
  &   & 2 & 0 & 3 \\
\hline
1 & 2 & 0 & 3 & 6 \quad \leftarrow d \\
  &   & 2 & 2 & \\
\hline
1 & 2 & 2 & 5 \quad \leftarrow c & \\
  &   & 2 & & \\
\hline
  & 2 & 4 \quad \leftarrow b & & \\
  & \uparrow & & & \\
  & a & & &
\end{array}
$$

$\therefore\ a = 2,\ b = 4,\ c = 5,\ d = 6$

2nd $\dfrac{b+d}{ac}$의 값을 구하면

$$\frac{b+d}{ac} = \frac{4+6}{2 \times 5} = 1$$

정답 1

MEMO

3 나눗셈 관계식

→ x에 대한 다항식 A를 x에 대한 다항식 B로 나눈 몫을 Q, 나머지를 R이라 하면
   → 나눗셈 관계식: $A = BQ + R$

(1) A는 n차, B는 m차일 때, 몫 Q는 $n-m$차이고, 나머지 R은 $m-1$차 이하이다.
(2) 나머지 $R=0$일 때, A는 B로 나누어떨어진다고 한다.
(3) 나눗셈 관계식 $A=BQ+R$은 x에 대한 항등식이다.

강의 **나눗셈 관계식**

→ 항등식이다!

→ $A \div B$의 몫 Q, 나머지 R이라 하면 $A=BQ+R$ → 항등식

→ A가 n차이고 B가 m차일 때

① 몫 Q: $(n-m)$차

② 나머지 R: $(m-1)$차 이하

주의 A가 4차이고 B가 2차이면 $A=BQ+R$에서 $A \div B$의 몫 Q는 2차이고, 나머지 R은 1차 이하이다.

기|본|예|제 **09**

다항식 $x^3 + ax + b$를 $x^2 - x - 2$로 나누었을 때의 나머지가 $2x-1$이 되도록 하는 상수 a, b의 값을 구하시오.

탐구 나누는 식 $x^2 - x - 2$ → 인수분해 가능! → 수치대입법 이용!

풀이 (1st) $x^3 + ax + b$를 $x^2 - x - 2$로 나누었을 때의 몫을 $Q(x)$라 하고 나눗셈 관계식으로 나타내면

$$x^3 + ax + b = (x^2 - x - 2)Q(x) + 2x - 1$$
$$= (x-2)(x+1)Q(x) + 2x - 1$$

(2nd) 이 등식은 x에 대한 항등식이므로 수치대입법을 이용하면

ⅰ) $x=2$일 때, $8 + 2a + b = 3$

  ∴ $2a + b = -5$ ······ ①

ⅱ) $x=-1$일 때, $-1 - a + b = -3$

  ∴ $a - b = 2$ ······ ②

(3rd) ①과 ②를 연립하여 a, b의 값을 구하면

  $a = -1$, $b = -3$

정답 $a = -1$, $b = -3$

다항식 $x^3 + x^2 - ax + a + 2$를 $x^2 + 2x - 8$로 나누었을 때의 나머지가 $x + b$일 때, 상수 a, b에 대하여 $a - 3b$의 값을 구하시오.

탐구 나누는 식 $x^2 + 2x - 8$ → 인수분해 가능! → 수치대입법 이용!

풀이 **1st** $x^3 + x^2 - ax + a + 2$를 $x^2 + 2x - 8$로 나누었을 때의 몫을 $Q(x)$라 하고 나눗셈 관계식으로 나타내면

$$x^3 + x^2 - ax + a + 2 = (x^2 + 2x - 8)Q(x) + x + b$$
$$= (x + 4)(x - 2)Q(x) + x + b$$

2nd 이 등식은 x에 대한 항등식이므로 수치대입법을 이용하면

i) $x = -4$일 때, $-64 + 16 + 4a + a + 2 = -4 + b$

$\therefore 5a - b = 42$ ······ ①

ii) $x = 2$일 때, $8 + 4 - 2a + a + 2 = 2 + b$

$\therefore a + b = 12$ ······ ②

3rd ①과 ②를 연립하여 a, b의 값을 구하면

$a = 9$, $b = 3$

4th $a - 3b$의 값을 구하면

$a - 3b = 9 - 3 \times 3 = 0$

정답 0

다항식 $x^3 + px^2 + qx + 5$가 $x^2 - 2x + 5$로 나누어떨어질 때, 상수 p, q에 대하여 pq의 값을 구하시오.

탐구 나누는 식 $x^2 - 2x + 5$ → 인수분해 불가! → 계수비교법 이용!

풀이 **1st** 나누어지는 식과 나누는 식의 최고차항의 계수와 상수항을 이용하여 몫을 만들고 나눗셈 관계식으로 나타내면

$$x^3 + px^2 + qx + 5 = (x^2 - 2x + 5)(x + 1)$$

2nd 우변을 전개하여 계수를 비교하면

$$x^3 + px^2 + qx + 5 = x^3 + x^2 - 2x^2 - 2x + 5x + 5$$
$$= x^3 - x^2 + 3x + 5$$

$\therefore p = -1$, $q = 3$

3rd pq의 값을 구하면

$$pq = (-1) \times 3 = -3$$

정답 -3

02 나머지 정리

1 나머지 정리 _____

[1] 다항식 $f(x)$를 일차식 $x-\alpha$로 나누었을 때의 나머지는 $f(\alpha)$이다.

➜ $f(x) = (x-\alpha)Q(x) + R$

➜ $f(\alpha) = R$

> **유도** $f(x)$를 $x-\alpha$로 나누었을 때, 몫을 $Q(x)$, 나머지를 R이라 하면
>
> $$f(x) = (x-\alpha)Q(x) + R$$
>
> 이 식은 x에 대한 항등식이므로 $x=\alpha$를 대입하면
>
> $$f(\alpha) = (\alpha-\alpha)Q(\alpha) + R \text{에서 } f(\alpha) = R \qquad \cdots\text{유도 끝}$$

[2] 다항식 $f(x)$를 일차식 $ax+b$로 나누었을 때의 나머지는 $f\left(-\dfrac{b}{a}\right)$이다.

➜ $f(x) = (ax+b)Q(x) + R$

➜ $f\left(-\dfrac{b}{a}\right) = R$

강의 **나머지 정리**

➜ 일차식 $x-\alpha$로 나눈 나머지가 $f(\alpha)$라는 것이다!

① $x-\alpha$로 나눌 경우

➜ $f(x) \div (x-\alpha)$; 몫 $Q(x)$, 나머지 R

➜ $f(x) = (x-\alpha)Q(x) + R$

➜ $x-\alpha = 0 \quad x = \alpha$

➜ $f(\alpha) = R$

② $ax+b$로 나눌 경우

➜ $f(x) \div (ax+b)$; 몫 $Q(x)$, 나머지 R

➜ $f(x) = (ax+b)Q(x) + R$

➜ $ax+b = 0 \quad x = -\dfrac{b}{a}$

➜ $f\left(-\dfrac{b}{a}\right) = R$

기|본|예|제 12

다항식 $2x^3+ax^2+bx+1$을 $x-1$로 나누었을 때의 나머지가 8이고, $x+1$로 나누면 나누어떨어진다. 이 식을 $x+2$로 나누었을 때의 나머지를 구하시오. (단, a, b는 상수)

탐구 다항식 $f(x)$를 일차식 $x-\alpha$로 나눌 때는 나머지 정리를 이용한다.

$\rightarrow f(\alpha)=R$

풀이 (1st) $f(x)=2x^3+ax^2+bx+1$이라 놓으면 $f(1)=8$, $f(-1)=0$이므로 수치대입법을 이용하면

$f(1)=2+a+b+1=8$에서 $a+b=5$ ······ ①

$f(-1)=-2+a-b+1=0$에서 $a-b=1$ ······ ②

(2nd) ①, ②를 연립하여 풀면

$a=3$, $b=2$

$\therefore f(x)=2x^3+3x^2+2x+1$

(3rd) $f(x)$를 $x+2$로 나누었을 때의 나머지 $f(-2)$를 구하면

$f(-2)=2\times(-2)^3+3\times(-2)^2+2\times(-2)+1$

$=-16+12-4+1=-7$

정답 -7

기|본|예|제 13

두 다항식 $f(x)$, $g(x)$에 대하여 $2f(x)+5g(x)$를 $x+1$로 나누었을 때의 나머지는 2, $3f(x)+g(x)$를 $x+1$로 나누었을 때의 나머지는 3이라 할 때, $f(x)g(x)$를 $x+1$로 나누었을 때의 나머지를 구하시오.

탐구 다항식 $f(x)$를 일차식 $x-\alpha$로 나눌 때는 나머지 정리를 이용한다.

$\rightarrow f(\alpha)=R$

풀이 (1st) 주어진 조건에 맞게 수치대입법을 이용하면

$2f(-1)+5g(-1)=2$ ······ ①

$3f(-1)+g(-1)=3$ ······ ②

(2nd) ①, ②를 연립하여 풀면

$f(-1)=1$, $g(-1)=0$

(3rd) $f(x)g(x)$를 $x+1$로 나누었을 때의 나머지를 구하면

$f(-1)g(-1)=1\times0=0$

정답 0

다항식의 나눗셈에서의 미정계수법

→ 나누는 식의 차수를 보고 해법을 결정한다!

(1) 나누는 식의 차수에 따른 해법

→ $A \div B \to$ 몫 Q, 나머지 R

① B: 일차식 (○) → 나머지 정리 이용 $f(\alpha) = R$

② B: 일차식 (×) → 나눗셈 관계식 이용 $A = BQ + R$

주의 B가 일차식이어도 나눗셈 관계식을 이용할 때가 있다!

(2) 나누는 식의 차수에 따른 나머지 설정법

→ 나눗셈 관계식 $A = BQ + R$

① B가 3차이면 R은 $ax^2 + bx + c$

② B가 2차이면 R은 $ax + b$

③ B가 1차이면 R은 a

기|본|예|제 14

다항식 $f(x)$를 $x - 2$로 나누었을 때의 나머지가 1이고, $x + 3$으로 나누었을 때의 나머지가 -4이다. $f(x)$를 $(x-2)(x+3)$으로 나누었을 때의 나머지를 구하시오.

탐구 나누는 식이 이차식일 때는 나머지를 $ax + b$로 놓고 나눗셈 관계식으로 나타낸 후 수치대입법을 이용한다.

풀이

(1st) 다항식 $f(x)$를 $(x-2)(x+3)$으로 나누었을 때의 몫을 $Q(x)$, 나머지를 $ax + b$라 하고 나눗셈 관계식으로 나타내면

$$f(x) = (x-2)(x+3)Q(x) + ax + b \qquad \cdots\cdots ①$$

(2nd) ①은 x에 대한 항등식이고 $f(2) = 1$, $f(-3) = -4$이므로 수치대입법을 이용하면

i) $x = 2$일 때

$$f(2) = 2a + b \qquad \therefore\ 2a + b = 1 \qquad \cdots\cdots ②$$

ii) $x = -3$일 때

$$f(-3) = -3a + b \quad \therefore -3a + b = -4 \quad \cdots\cdots ③$$

(3rd) ②와 ③을 연립하여 a와 b를 구하면

$$a = 1,\ b = -1$$

따라서 $f(x)$를 $(x-2)(x+3)$으로 나누었을 때의 나머지는 $x - 1$이다.

✓ 정답 $x - 1$

다항식 $f(x)$를 $(x-1)^2$으로 나누었을 때의 나머지가 $2x+1$이고, $x-3$으로 나누었을 때의 나머지가 3이다. $f(x)$를 $(x-1)^2(x-3)$으로 나누었을 때의 나머지를 구하시오.

탐구 다항식 $f(x)$를 이차 이상의 다항식으로 나누었을 때는 나눗셈 관계식을 이용하여 식을 세운 후 나머지 정리를 이용한다.

풀이 ① $f(x)$를 $(x-1)^2(x-3)$으로 나누었을 때의 몫을 $Q(x)$, 나머지를 ax^2+bx+c라 하고 나눗셈 관계식으로 나타내면

$$f(x)=(x-1)^2(x-3)Q(x)+ax^2+bx+c$$

② $f(x)$를 $(x-1)^2$으로 나누었을 때의 나머지가 $2x+1$이므로 ax^2+bx+c를 $(x-1)^2$으로 나누었을 때의 나머지가 $2x+1$이 된다는 것을 식으로 나타내면

$$f(x)=(x-1)^2(x-3)Q(x)+a(x-1)^2+2x+1 \quad \cdots\cdots ①$$

③ $f(3)=3$이므로 ①에 대입하면

$$f(3)=4a+6+1=3 \qquad \therefore a=-1$$

④ a의 값을 ①에 대입하여 나머지를 구하면

$$-(x-1)^2+2x+1=-x^2+4x$$

정답 $-x^2+4x$

다항식 $f(x)$를 $(x-2)(x-3)$으로 나누었을 때의 나머지가 $2x+3$일 때, $f(3x)$를 $x-1$로 나누었을 때의 나머지를 구하시오.

탐구 다항식 $f(x)$를 이차 이상의 다항식으로 나누었을 때는 나눗셈 관계식을 이용하여 식을 세운 후 나머지 정리를 이용한다.

풀이 ① $f(x)$를 $(x-2)(x-3)$으로 나누었을 때의 몫을 $Q(x)$라 하고 나눗셈 관계식으로 나타내면

$$f(x)=(x-2)(x-3)Q(x)+2x+3$$

② $f(3x)$를 $x-1$로 나누었을 때의 나머지는 나머지 정리에 의해 $f(3\times1)=f(3)$이므로

$$f(3)=2\times3+3=9$$

정답 9

기 | 본 | 예 | 제 17

다항식 $f(x)$를 $x-4$로 나누었을 때의 몫은 $g(x)$, 나머지는 5이고, $g(x)$를 $x-6$으로 나누었을 때의 나머지는 2이다. $f(x)$를 $x-6$으로 나누었을 때의 나머지를 구하시오.

탐구 나누는 식이 일차식이라도 몫 $g(x)$가 주어졌으므로 나눗셈 관계식을 이용한다.

$\rightarrow f(x) = (x-a)g(x)+r$

풀이 **1st** $f(x)$를 $x-4$로 나누었을 때의 몫이 $g(x)$, 나머지가 5이므로 나눗셈 관계식으로 나타내면

$$f(x) = (x-4)g(x)+5 \quad\cdots\cdots ①$$

2nd $g(x)$를 $x-6$으로 나누었을 때의 나머지가 2이므로 나머지 정리에 의해

$$g(6) = 2$$

3rd ①에서 $f(x)$를 $x-6$으로 나누었을 때의 나머지 $f(6)$을 구하면

$$f(6) = (6-4)g(6)+5$$
$$= 2\times 2+5 = 9$$

✓ 정답 9

기 | 본 | 예 | 제 18

다항식 $f(x)$를 $x+1$로 나누었을 때의 몫이 $Q(x)$, 나머지가 2이고, $Q(x)$를 $x-1$로 나누었을 때의 나머지가 3일 때, 다항식 $(x+2)f(x)$를 $x-1$로 나누었을 때의 나머지를 구하시오.

탐구 나누는 식이 일차식이라도 몫 $Q(x)$가 주어졌으므로 나눗셈 관계식을 이용한다.

$\rightarrow f(x) = (x-a)Q(x)+r$

풀이 **1st** $f(x)$를 $x+1$로 나누었을 때의 몫이 $Q(x)$, 나머지가 2이므로 나눗셈 관계식으로 나타내면

$$f(x) = (x+1)Q(x)+2 \quad\cdots\cdots ①$$

2nd $Q(x)$를 $x-1$로 나누었을 때의 나머지가 3이므로 나머지 정리에 의해

$$Q(1) = 3$$

3rd $(x+2)f(x)$를 $x-1$로 나누었을 때의 나머지 $3f(1)$을 구하면

①에서 $f(1) = 2Q(1)+2 = 2\times 3+2 = 8$

$$\therefore 3f(1) = 3\times 8 = 24$$

✓ 정답 24

→ 몫은 서로 다르고 나머지는 같다!

→ $f(x) = \left(x + \dfrac{b}{a}\right)Q(x) + R$

  → 몫 $Q(x)$, 나머지 R

→ $f(x) = a \times \dfrac{1}{a}\left(x + \dfrac{b}{a}\right)Q(x) + R = (ax+b) \times \dfrac{1}{a}Q(x) + R$

  → 몫 $\dfrac{1}{a}Q(x)$, 나머지 R

기|본|예|제 19

다항식 $f(x)$를 $x - \dfrac{3}{2}$으로 나누었을 때의 몫을 $Q(x)$, 나머지를 R이라 하면 $f(x)$를 $2x-3$으로 나누었을 때의 몫과 나머지를 $Q(x)$와 R을 이용하여 구하시오.

탐구 $\quad f(x) = \left(x + \dfrac{b}{a}\right)Q(x) + R = a \times \dfrac{1}{a}\left(x + \dfrac{b}{a}\right)Q(x) + R = (ax+b) \times \dfrac{1}{a}Q(x) + R$

  → 몫: $\dfrac{1}{a}Q(x)$, 나머지: R

풀이 ①st $f(x)$를 $x - \dfrac{3}{2}$으로 나누었을 때의 나눗셈 관계식으로 나타내면

$$f(x) = \left(x - \dfrac{3}{2}\right)Q(x) + R \qquad \cdots\cdots ①$$

②nd ①을 변형하여 $f(x)$를 $2x-3$으로 나누었을 때의 나눗셈 관계식으로 나타내면

$$f(x) = \dfrac{1}{2} \times 2\left(x - \dfrac{3}{2}\right)Q(x) + R$$

$$= (2x-3) \times \dfrac{1}{2}Q(x) + R \qquad \cdots\cdots ②$$

②에서 몫은 $\dfrac{1}{2}Q(x)$이고 나머지는 그대로 R이다.

정답 몫: $\dfrac{1}{2}Q(x)$, 나머지: R

[1] 다항식 $f(x)$를 $x-\alpha$로 나누었을 때의 나머지는 0이다.

   ➡ 다항식 $f(x)$는 일차식 $x-\alpha$로 나누어떨어진다.

   ➡ 다항식 $f(x)$는 $x-\alpha$라는 인수를 가진다.

   ➡ $f(x) = (x-\alpha)Q(x)$

   ➡ $f(\alpha) = 0$

> **유도** $f(x)$를 $x-\alpha$로 나누었을 때의 몫을 $Q(x)$, 나머지를 0이라 하면
> $$f(x) = (x-\alpha)Q(x)$$
> 이 식은 x에 대한 항등식이므로 $x=\alpha$를 대입하면
> $$f(\alpha) = (\alpha-\alpha)Q(\alpha)$$에서 $f(\alpha) = 0$ … 유도 끝

[2] 다항식 $f(x)$를 일차식 $ax+b$로 나누었을 때의 나머지는 0이다.

   ➡ 다항식 $f(x)$는 일차식 $ax+b$로 나누어떨어진다.

   ➡ 다항식 $f(x)$는 $ax+b$라는 인수를 가진다.

   ➡ $f(x) = (ax+b)Q(x)$

   ➡ $f\left(-\dfrac{b}{a}\right) = 0$

강의 **인수 정리**

   ➡ $f(\alpha) = 0$이면 $f(x) = (x-\alpha)Q(x)$로 인수분해된다는 것이다!

① $x-\alpha$로 나눌 경우

   ➡ $f(x) \div (x-\alpha)$; 몫 $Q(x)$, 나머지 0

   ➡ $f(x) = (x-\alpha)Q(x)$

   ➡ $x-\alpha = 0$ $x=\alpha$

   ➡ $f(\alpha) = 0$

② $ax+b$로 나눌 경우

   ➡ $f(x) \div (ax+b)$; 몫 $Q(x)$, 나머지 0

   ➡ $f(x) = (ax+b)Q(x)$

   ➡ $ax+b = 0$ $x = -\dfrac{b}{a}$

   ➡ $f\left(-\dfrac{b}{a}\right) = 0$

다항식 $f(x) = ax^4 + bx^3 + 1$이 $x-1$, $x+1$을 인수로 가질 때, 상수 a, b의 값을 구하시오.

탐구 다항식 $f(x)$가 $x-1$, $x+1$을 인수로 가지면 $f(1) = 0$, $f(-1) = 0$

풀이 **(1st)** $f(x)$가 $x-1$, $x+1$을 인수로 가지므로
$$f(1) = 0, \ f(-1) = 0$$

(2nd) $x = 1$, $x = -1$을 $f(x)$에 대입하여 정리하면
$$f(1) = a + b + 1 = 0 \qquad \therefore a + b = -1 \qquad \cdots\cdots ①$$
$$f(-1) = a - b + 1 = 0 \qquad \therefore a - b = -1 \qquad \cdots\cdots ②$$

(3rd) ①, ②을 연립하여 a, b의 값을 구하면
$$a = -1, \ b = 0$$

정답 $a = -1, \ b = 0$

다항식 $f(x) = x^3 + 2ax^2 - (a+b)x - 2b$가 $x^2 - x - 2$로 나누어떨어질 때, 상수 a, b에 대하여 ab의 값을 구하시오.

탐구 다항식 $f(x)$가 $(x-a)(x-b)$로 나누어떨어지면 $f(a) = 0$, $f(b) = 0$이다.

풀이 **(1st)** $f(x)$를 $x^2 - x - 2$로 나누었을 때의 몫을 $Q(x)$라 하고 나눗셈 관계식으로 나타내면
$$f(x) = x^3 + 2ax^2 - (a+b)x - 2b = (x^2 - x - 2)Q(x)$$
$$= (x-2)(x+1)Q(x) \qquad \cdots\cdots ①$$

(2nd) $f(x)$가 $(x-2)(x+1)$로 나누어떨어지면 $x-2$, $x+1$로 각각 나누어떨어지므로
$$f(2) = 0, \ f(-1) = 0$$

(3rd) ①에 $x = 2$, $x = -1$을 대입하면

ⅰ) $x = 2$일 때
$$8 + 8a - 2a - 2b - 2b = 0 \qquad 6a - 4b + 8 = 0$$
$$\therefore 3a - 2b = -4 \qquad \cdots\cdots ②$$

ⅱ) $x = -1$일 때
$$-1 + 2a + a + b - 2b = 0 \qquad 3a - b - 1 = 0$$
$$\therefore 3a - b = 1 \qquad \cdots\cdots ③$$

(4th) ②, ③을 연립하여 풀면
$$a = 2, \ b = 5$$

(5th) ab의 값을 구하면
$$ab = 2 \times 5 = 10$$

정답 10

반복 학습 기록란.

가장 좋은 학습 방법은 학교에서나 학원에서나 선생님의 강의를 열심히 듣고 여러 번 반복 학습하는 것입니다.
지금부터 당장 선생님의 강의를 열심히 듣고 반복! 반복하십시오. 그러면 곧 모든 과목에 자신이 생길 것입니다.

회수	시작이 반!			끝을 봐야!			확인
제1회	년	월	일부터	년	월	일까지	
제2회	년	월	일부터	년	월	일까지	
제3회	년	월	일부터	년	월	일까지	
제4회	년	월	일부터	년	월	일까지	
제5회	년	월	일부터	년	월	일까지	
제6회	년	월	일부터	년	월	일까지	
제7회	년	월	일부터	년	월	일까지	
제8회	년	월	일부터	년	월	일까지	
제9회	년	월	일부터	년	월	일까지	
제10회	년	월	일부터	년	월	일까지	

단원 점검문제

▶ 아무런 도움 없이 스스로 연습장에 풀어 단원에 대한 성취도를 평가하고 미흡한 점이 있으면 배운 부분을 다시 반복 학습하도록 하자.

01 다음 등식이 x에 대한 항등식일 때, 상수 a, b, c의 값을 구하시오.
$$(a+1)x^2+(b+4)x+3-c=0$$

02 등식 $x^2+(a+b)x+a-2b=x^2+3x$ 이 x에 대한 항등식일 때, 상수 a, b의 값을 구하시오.

03 등식 $x^2+(3-a)x+2=cx^2+5x+b+2$를 만족하는 x가 3개 이상일 때, 상수 a, b, c 에 대하여 $a+b+c$의 값을 구하시오.

04 등식 $kx^2-2k(2+k)x+k^2y+4k=0$이 임의의 k의 값에 대하여 성립할 때, $x+y$의 값을 구하시오.

05 등식 $(ax-1)(4x^2+bx+c)=8x^3-1$이 x에 대한 항등식일 때, 상수 a, b, c에 대하여 abc의 값을 구하시오.

06 다항식 $f(x)$에 대하여 등식 $(x-1)(x^2+1)f(x)=x^8-ax^2-b$가 x에 대한 항등식이 되도록 상수 a, b를 정할 때, a^2+b^2의 값을 구하시오.

07 $\dfrac{6x+2a}{3x+2}$가 x의 값에 관계없이 항상 일정한 값을 가질 때, 상수 a의 값을 구하시오.

$$\left(단, \ x \neq -\frac{2}{3}\right)$$

08 등식 $2x^3-2x^2+3x+3=a(x-1)^3+b(x-1)^2+c(x-1)+d$가 x에 대한 항등식일 때, 상수 a, b, c, d에 대하여 $\dfrac{b+d}{ac}$의 값을 구하시오.

09 다항식 x^3+ax+b를 x^2-x-2로 나누었을 때의 나머지가 $2x-1$이 되도록 하는 상수 a, b의 값을 구하시오.

10 다항식 $x^3+x^2-ax+a+2$를 x^2+2x-8로 나누었을 때의 나머지가 $x+b$일 때, 상수 a, b에 대하여 $a-3b$의 값을 구하시오.

11 다항식 x^3+px^2+qx+5가 x^2-2x+5로 나누어떨어질 때, 상수 p, q에 대하여 pq의 값을 구하시오.

12 다항식 $2x^3+ax^2+bx+1$을 $x-1$로 나누었을 때의 나머지가 8이고, $x+1$로 나누면 나누어 떨어진다. 이 식을 $x+2$로 나누었을 때의 나머지를 구하시오. (단, a, b는 상수)

13 두 다항식 $f(x)$, $g(x)$에 대하여 $2f(x)+5g(x)$를 $x+1$로 나누었을 때의 나머지는 2, $3f(x)+g(x)$를 $x+1$로 나누었을 때의 나머지는 3이라 할 때, $f(x)g(x)$를 $x+1$로 나누었을 때의 나머지를 구하시오.

14 다항식 $f(x)$를 $x-2$로 나누었을 때의 나머지가 1이고, $x+3$으로 나누었을 때의 나머지가 -4이다. $f(x)$를 $(x-2)(x+3)$으로 나누었을 때의 나머지를 구하시오.

15 다항식 $f(x)$를 $(x-1)^2$으로 나누었을 때의 나머지가 $2x+1$이고, $x-3$으로 나누었을 때의 나머지가 3이다. $f(x)$를 $(x-1)^2(x-3)$으로 나누었을 때의 나머지를 구하시오.

16 다항식 $f(x)$를 $(x-2)(x-3)$으로 나누었을 때의 나머지가 $2x+3$일 때, $f(3x)$를 $x-1$로 나누었을 때의 나머지를 구하시오.

17 다항식 $f(x)$를 $x-4$로 나누었을 때의 몫은 $g(x)$, 나머지는 5이고, $g(x)$를 $x-6$으로 나누었을 때의 나머지는 2이다. $f(x)$를 $x-6$으로 나누었을 때의 나머지를 구하시오.

18 다항식 $f(x)$를 $x+1$로 나누었을 때의 몫이 $Q(x)$, 나머지가 2이고, $Q(x)$를 $x-1$로 나누었을 때의 나머지가 3일 때, 다항식 $(x+2)f(x)$를 $x-1$로 나누었을 때의 나머지를 구하시오.

19 다항식 $f(x)$를 $x-\dfrac{3}{2}$으로 나누었을 때의 몫을 $Q(x)$, 나머지를 R이라 하면 $f(x)$를 $2x-3$으로 나누었을 때의 몫과 나머지를 $Q(x)$와 R을 이용하여 구하시오.

20 다항식 $f(x)=ax^4+bx^3+1$이 $x-1$, $x+1$을 인수로 가질 때, 상수 a, b의 값을 구하시오.

21 다항식 $f(x)=x^3+2ax^2-(a+b)x-2b$가 x^2-x-2로 나누어떨어질 때, 상수 a, b에 대하여 ab의 값을 구하시오.

인수분해

1 곱셈 공식을 이용한 인수분해
2 특별한 경우의 인수분해
3 특별한 방법에 의한 인수분해
4 인수분해의 활용
◆ 반복 학습 기록란
◆ 단원 점검문제

명언

사람은 자기가 한 약속을 지킬만한 좋은 기억력을 가져야 한다.

- 니체 -

01 곱셈 공식을 이용한 인수분해

1 인수분해 공식(Ⅰ)

→ 인수분해의 기본은 공통인수를 묶어내는 것이다.

(1) $mx + my + mz = m(x+y+z)$

(2) $mx + my + nx + ny = (m+n)(x+y)$

강의 **인수분해(Ⅰ)**

→ 먼저 공통인수를 묶어내는 공식이다!

→ 인수분해의 기본은 공통인수로 묶어내는 것!

① $mx + my + mz = m(x+y+z)$

② $mx + my + nx + ny = m(x+y) + n(x+y) = (m+n)(x+y)$

기|본|예|제 01

$3x^3y - 6x^2y^2 - 6xy^3$을 인수분해하시오.

탐구 인수분해의 기본 → 공통인수 묶어내는 것!

풀이 (1st) 준식의 공통인수가 $3xy$이므로 공통인수로 묶어내면

$$(준식) = 3xy(x^2 - 2xy - 2y^2)$$

정답 $3xy(x^2 - 2xy - 2y^2)$

기|본|예|제 02

$m+n=5$, $x+y+z=7$일 때, $mx+my+mz+nx+ny+nz$의 값을 구하시오.

탐구 인수분해의 기본 → 공통인수 묶어내는 것!

풀이 (1st) 준식을 적당히 묶어서 공통인수를 찾고 인수분해하면

$$(준식) = m(x+y+z) + n(x+y+z)$$

$$= (x+y+z)(m+n)$$

(2nd) 주어진 값을 대입하여 준식의 값을 구하면

$$(준식) = 7 \times 5 = 35$$

정답 35

2 인수분해 공식(Ⅱ)

→ 제곱의 차는 합과 차의 곱으로 인수분해된다.

→ $(ax)^2 - (by)^2 = (ax+by)(ax-by)$

강의 인수분해(Ⅱ)

→ $(\quad)^2 - (\quad)^2$ 꼴로 변형하여 인수분해하는 공식이다!

→ $(\quad)^2 - (\quad)^2 = (합)(차)$

① $x^2 - y^2 = (x+y)(x-y)$

② $(ax)^2 - (by)^2 = (ax+by)(ax-by)$

기|본|예|제 03

다음 식을 인수분해하시오.

(1) $x^2 - 9$ (2) $4x^2 - 9y^2$ (3) $(x-3)^2 - (y+1)^2$ (4) $x^4 - y^4$

탐구 제곱의 차 → 합과 차의 곱으로 인수분해 $A^2 - B^2 = (A+B)(A-B)$

풀이 (1) ①st 준식을 $(\quad)^2 - (\quad)^2$꼴로 변형하여 인수분해하면

$$(준식) = x^2 - 3^2$$
$$= (x+3)(x-3)$$

(2) ①st 준식을 $(\quad)^2 - (\quad)^2$꼴로 변형하여 인수분해하면

$$(준식) = (2x)^2 - (3y)^2$$
$$= (2x+3y)(2x-3y)$$

(3) ①st 제곱의 차이므로 합과 차의 곱으로 인수분해하면

$$(준식) = \{(x-3)+(y+1)\}\{(x-3)-(y+1)\}$$
$$= (x+y-2)(x-y-4)$$

(4) ①st 준식을 $(x^2)^2 - (y^2)^2$으로 바꾸어 인수분해하면

$$(준식) = (x^2)^2 - (y^2)^2$$
$$= (x^2+y^2)(x^2-y^2)$$
$$= (x^2+y^2)(x+y)(x-y)$$

정답 (1) $(x+3)(x-3)$ (2) $(2x+3y)(2x-3y)$

(3) $(x+y-2)(x-y-4)$ (4) $(x^2+y^2)(x+y)(x-y)$

3 인수분해 공식(Ⅲ)

→ 완전제곱으로 인수분해되는 것이다.

(1) $x^2 \pm 2xy + y^2 = (x \pm y)^2$

(2) $x^2 + y^2 + z^2 + 2xy + 2yz + 2zx = (x + y + z)^2$

강의 **인수분해(Ⅲ)**

→ 완전제곱꼴로 인수분해되는 공식이다!

① $a^2 + b^2 \pm 2ab = (a \pm b)^2$

② $a^2 + b^2 + c^2 + 2ab + 2bc + 2ca = (a + b + c)^2$

기|본|예|제 04

$4x^2 + 12xy + 9y^2$을 인수분해하시오.

탐구 (머리±꼬리)^{2}으로 묶어 주고 중앙항을 검산하라! → 중앙항 ±2(머리)(꼬리)

풀이 **1st** 머리는 $(2x)^2$, 꼬리는 $(3y)^2$로 놓고 묶어주면

$$(준식) = (2x + 3y)^2$$

2nd 중앙항을 검산하면

$$2 \times 2x \times 3y = 12xy$$

정답 $(2x + 3y)^2$

기|본|예|제 05

$a^2 + b^2 + c^2 - 2ab + 2bc - 2ca$를 인수분해하시오.

탐구 완전제곱으로 인수분해 → 부호 주의!

풀이 **1st** 부호에 주의하며 공식을 이용해 인수분해하면

$$(준식) = a^2 + (-b)^2 + (-c)^2 + 2a \times (-b) + 2 \times (-b) \times (-c) + 2 \times (-c) \times a$$

$$= (a - b - c)^2$$

정답 $(a - b - c)^2$

4 인수분해 공식(Ⅳ)

→ 이차 삼항꼴의 인수분해는 다음 공식을 이용한다.

(1) $x^2+(a+b)x+ab=(x+a)(x+b)$

(2) $acx^2+(ad+bc)x+bd=(ax+b)(cx+d)$

강의 **인수분해(Ⅳ−1)**

→ 곱 ab와 합 $a+b$에서 a, b를 찾아 인수분해한다!

→ 2차 3항꼴=(1차식)(1차식)

→ x^2+합$x+$곱$=(x+a)(x+b)$; 합 $a+b$, 곱 ab

기|본|예|제 06

다음 식을 인수분해하시오.

(1) x^2-5x+6 　　　(2) x^2-2x-3 　　　(3) $x^2y^2+2x^2y-8x^2$

탐구　x^2+(합)$x+$(곱)의 꼴을 합 $a+b$와 곱 ab를 찾아 분해한다.

풀이　(1) **1st** 합은 -5이고 곱은 6인 두 수 a, b를 구하고 인수분해하면

　　　　　　　 $a=-2$, $b=-3$

　　　　　　　 $\therefore$ (준식)$=(x-2)(x-3)$

　　　　(2) **1st** 합은 -2이고 곱은 -3인 두 수 a, b를 구하고 인수분해하면

　　　　　　　 $a=-3$, $b=1$

　　　　　　　 $\therefore$ (준식)$=(x-3)(x+1)$

　　　　(3) **1st** 준식의 공통인수가 x^2이므로 공통인수로 묶어내면

　　　　　　　 (준식)$=x^2(y^2+2y-8)$

　　　　　　2nd 합은 2이고 곱은 -8인 두 수를 구하고 괄호 안의 식을 인수분해하면

　　　　　　　 (준식)$=x^2(y+4)(y-2)$

정답　(1) $(x-2)(x-3)$　　　(2) $(x-3)(x+1)$　　　(3) $x^2(y+4)(y-2)$

◢MEMO

인수분해(Ⅳ-2)

→ 이차 삼항끌이므로 (1차식)(1차식)으로 인수분해되는 공식이다!

→ 2차 3항끌=(1차식)(1차식)

$$acx^2 + (ad+bc)xy + bdy^2$$

$$\begin{array}{c} ax \\ cx \end{array} \diagdown\!\!\!\!\diagup \begin{array}{c} by \\ dy \end{array} \xrightarrow{\text{검산}} (ad+bc)xy \rightarrow (ax+by)(cx+dy)$$

기|본|예|제 07

다음 식을 인수분해하시오.

(1) $3x^2 - xy - 4y^2$ (2) $2a^2 - 5ab + 2b^2$

탐구 머리 acx^2은 $ax \times cx$로 분해하고, 꼬리 bdy^2은 $by \times dy$로 분해한 후 맞는 짝을 찾아 $(ad+bc)xy$를 확인한다.

$$\begin{array}{c} ax \\ cx \end{array} \diagdown\!\!\!\!\diagup \begin{array}{c} by \\ dy \end{array} \rightarrow \text{확인} \ (ad+bc)xy$$

풀이 (1) [1st] 머리 $3x^2 = x \times 3x$이고, 꼬리 $-4y^2$은 $y \times (-4y)$ 또는 $(-y) \times 4y$ 또는 $2y \times (-2y)$로 분해한 후 맞는 짝을 찾아 인수분해하면

$$\begin{array}{c} x \\ 3x \end{array} \diagdown\!\!\!\!\diagup \begin{array}{c} y \\ -4y \end{array} \rightarrow (-4+3)xy = -xy$$

$$\therefore (준식) = (x+y)(3x-4y)$$

(2) [1st] 머리 $2a^2 = a \times 2a$이고, 꼬리 $2b^2$은 $b \times 2b$ 또는 $(-b) \times (-2b)$로 분해한 후 맞는 짝을 찾아 인수분해하면

$$\begin{array}{c} a \\ 2a \end{array} \diagdown\!\!\!\!\diagup \begin{array}{c} -2b \\ -b \end{array} \rightarrow (-1-4)ab = -5ab$$

$$\therefore (준식) = (a-2b)(2a-b)$$

정답 (1) $(x+y)(3x-4y)$ (2) $(a-2b)(2a-b)$

◢MEMO

인수분해 공식(V)

→ 완전세제곱으로 인수분해되는 것이다.

(1) $x^3 + 3x^2y + 3xy^2 + y^3 = (x+y)^3$

(2) $x^3 - 3x^2y + 3xy^2 - y^3 = (x-y)^3$

강의 **인수분해(V)**

→ 완전세계곱꼴로 인수분해되는 공식이다!

→ $(머리)^3 \pm 3(머리)^2(꼬리) + 3(머리)(꼬리)^2 \pm (꼬리)^3 = (머리 \pm 꼬리)^3$

→ $A^3 \pm 3A^2B + 3AB^2 \pm B^3 = (A \pm B)^3$

기|본|예|제 08

다음 식을 인수분해하시오.

(1) $8x^3 - 36x^2y + 54xy^2 - 27y^3$　　　　(2) $64x^3 + 48x^2y + 12xy^2 + y^3$

탐구　3차 4항꼴이므로 $(머리 \pm 꼬리)^3$으로 묶어 주고 중앙항을 검산하라!

풀이　(1) **1st** 머리는 $(2x)^3$, 꼬리는 $(3y)^3$으로 놓고 묶어주면

$$(준식) = (2x - 3y)^3$$

2nd 중앙항을 검산하면

$$-3(2x)^2(3y) + 3(2x)(3y)^2 = -36x^2y + 54xy^2$$

(2) **1st** 머리는 $(4x)^3$, 꼬리는 $(y)^3$으로 놓고 묶어주면

$$(준식) = (4x + y)^3$$

2nd 중앙항을 검산하면

$$+3 \times (4x)^2 \times y + 3 \times 4x \times y^2 = 48x^2y + 12xy^2$$

정답　(1) $(2x - 3y)^3$　　(2) $(4x + y)^3$

MEMO

6 인수분해 공식(VI)

→ 3차식은 (1차식)(2차식)으로 인수분해된다.

(1) $x^3 + y^3 = (x+y)(x^2 - xy + y^2)$

(2) $x^3 - y^3 = (x-y)(x^2 + xy + y^2)$

(3) $x^3 + y^3 + z^3 - 3xyz = (x+y+z)(x^2 + y^2 + z^2 - xy - yz - zx)$

$$= \frac{1}{2}(x+y+z)\{(x-y)^2 + (y-z)^2 + (z-x)^2\}$$

강의 인수분해(VI-1)

→ ( )³ ± ( )³ 꼴이므로 (1차식)(2차식)으로 인수분해되는 공식이다!

① $x^3 + y^3 = (x+y)(x^2 - xy + y^2)$

② $x^3 - y^3 = (x-y)(x^2 + xy + y^2)$

기|본|예|제 09

다음 식을 인수분해하시오.

(1) $x^3 + 8$　　　　　(2) $8x^3 - 27y^3$　　　　　(3) $x^6 - y^6$

탐구　　( )³ ± ( )³ → (1차식)(2차식)의 꼴로 인수분해된다!

풀이　　(1) **1st** 준식을 ( )³ + ( )³의 꼴로 바꾸어 인수분해하면

$$(준식) = x^3 + 2^3 = (x+2)(x^2 - 2x + 4)$$

(2) **1st** 준식을 ( )³ - ( )³의 꼴로 바꾸어 인수분해하면

$$(준식) = (2x)^3 - (3y)^3$$
$$= (2x - 3y)\{(2x)^2 + 2x \times 3y + (3y)^2\}$$
$$= (2x - 3y)(4x^2 + 6xy + 9y^2)$$

(3) **1st** 준식을 ( )² - ( )²의 꼴로 바꾸어 인수분해하면

$$(준식) = (x^3)^2 - (y^3)^2 = (x^3 + y^3)(x^3 - y^3)$$

2nd 세제곱의 합과 차를 각각 인수분해하면

$$(준식) = (x+y)(x^2 - xy + y^2)(x-y)(x^2 + xy + y^2)$$
$$= (x+y)(x-y)(x^2 - xy + y^2)(x^2 + xy + y^2)$$

정답　　(1) $(x+2)(x^2 - 2x + 4)$

(2) $(2x - 3y)(4x^2 + 6xy + 9y^2)$

(3) $(x+y)(x-y)(x^2 - xy + y^2)(x^2 + xy + y^2)$

인수분해(Ⅵ-2)

→ 3차식이므로 (1차식)(2차식)으로 인수분해되는 공식이다!

→ 3문자 → 윤환식 배열

→ $x^3 + y^3 + z^3 - 3xyz = (x+y+z)(x^2+y^2+z^2-xy-yz-zx)$
$$= \frac{1}{2}(x+y+z)\{(x-y)^2+(y-z)^2+(z-x)^2\}$$

기|본|예|제 **10**

다음 식을 인수분해하시오.

(1) $a^3 + 8b^3 + 27c^3 - 18abc$

(2) $x^3 - y^3 + 6xy + 8$

(3) $8x^3 + 27y^3 - z^3 + 18xyz$

탐구 3차식 → (1차식)(2차식)

→ $x^3 + y^3 + z^3 - 3xyz = (x+y+z)(x^2+y^2+z^2-xy-yz-zx)$

풀이 ① 준식에서 ( )³ + ( )³ + ( )³꼴을 찾아 인수분해하면

(1) (준식) $= a^3 + (2b)^3 + (3c)^3 - 3 \times a \times 2b \times 3c$
$$= (a+2b+3c)\{a^2+(2b)^2+(3c)^2-a\times2b-2b\times3c-3c\times a\}$$
$$= (a+2b+3c)(a^2+4b^2+9c^2-2ab-6bc-3ca)$$

(2) (준식) $= x^3 + (-y)^3 + 2^3 - 3 \times x \times (-y) \times 2$
$$= (x-y+2)\{x^2+(-y)^2+2^2-x\times(-y)-(-y)\times2-2x\}$$
$$= (x-y+2)(x^2+y^2+xy-2x+2y+4)$$

(3) (준식) $= (2x)^3 + (3y)^3 + (-z)^3 - 3 \times 2x \times 3y \times (-z)$
$$= (2x+3y-z)\{(2x)^2+(3y)^2+(-z)^2-2x\times3y-3y\times(-z)-(-z)\times2x\}$$
$$= (2x+3y-z)(4x^2+9y^2+z^2-6xy+3yz+2zx)$$

정답 (1) $(a+2b+3c)(a^2+4b^2+9c^2-2ab-6bc-3ca)$

(2) $(x-y+2)(x^2+y^2+xy-2x+2y+4)$

(3) $(2x+3y-z)(4x^2+9y^2+z^2-6xy+3yz+2zx)$

7 인수분해 공식(Ⅶ)

→ 복이차식은 (2차식)(2차식)으로 인수분해된다.

(1) $x^4 + x^2y^2 + y^4 = (x^2 + xy + y^2)(x^2 - xy + y^2)$

(2) $x^4 + a^2x^2 + a^4 = (x^2 + ax + a^2)(x^2 - ax + a^2)$

강의 인수분해(Ⅶ)

→ 복이차식이므로 (2차식)(2차식)으로 인수분해되는 공식이다!

① 곱셈 공식 $(x^2 + xy + y^2)(x^2 - xy + y^2) = x^4 + x^2y^2 + y^4$

② 인수분해 $x^4 + x^2y^2 + y^4 = (x^2 + xy + y^2)(x^2 - xy + y^2)$

기|본|예|제 11

다음 식을 인수분해하시오.

(1) $x^4 + 4x^2 + 16$ (2) $16x^4 + 4x^2y^2 + y^4$

탐구 $x^4 + y^4$을 찾아 (2차식)(2차식)으로 인수분해한다.

풀이 **1st** 준식에서 $(\quad)^4 + (\quad)^4$꼴을 찾아 인수분해하면

(1) (준식) $= x^4 + x^2 \times 2^2 + 2^4 = (x^2 + 2x + 4)(x^2 - 2x + 4)$

(2) (준식) $= (2x)^4 + (2x)^2 \times y^2 + y^4 = (4x^2 + 2xy + y^2)(4x^2 - 2xy + y^2)$

정답 (1) $(x^2 + 2x + 4)(x^2 - 2x + 4)$ (2) $(4x^2 + 2xy + y^2)(4x^2 - 2xy + y^2)$

기|본|예|제 12

$x = \dfrac{\sqrt{7} + \sqrt{3}}{2}$, $y = \dfrac{\sqrt{7} - \sqrt{3}}{2}$ 일 때, $x^4 + x^2y^2 + y^4$의 값을 구하시오.

탐구 대칭식이므로 $x + y$와 xy를 이용하여 값을 구한다.

풀이 **1st** 주어진 값을 이용하여 $x + y$와 xy를 구하면

$x + y = \sqrt{7}$, $xy = 1$

2nd $x + y$와 xy를 이용하여 값을 구할 수 있도록 준식을 변형하면

(준식) $= (x^2 + xy + y^2)(x^2 - xy + y^2)$

$= \{(x + y)^2 - xy\}\{(x + y)^2 - 3xy\}$

$= \{(\sqrt{7})^2 - 1\}\{(\sqrt{7})^2 - 3\} = 6 \times 4 = 24$

정답 24

02 특별한 경우의 인수분해

1 동일부분이 있는 경우의 인수분해

(1) 동일부분을 X로 치환하여 전개한 후 다시 환원한다.
(2) 동일부분을 한 묶음으로 보고 인수분해한다.

강의 **동일부분이 있는 경우의 인수분해**

→ 치환하여 인수분해한 후 환원한다!

① 동일부분 → 치환   ② 공통부분 → 추출

기|본|예|제 13

$(x^2-5x+4)(x^2-5x+6)-24$를 인수분해하시오.

탐구 동일부분 치환 → 인수분해 후 환원!

풀이 **1st** 동일부분 $x^2-5x=X$로 치환하고 인수분해하면

$$(X+4)(X+6)-24 = X^2+10X = X(X+10)$$

2nd $X=x^2-5x$로 환원하면

$$(준식) = (x^2-5x)(x^2-5x+10) = x(x-5)(x^2-5x+10)$$

정답 $x(x-5)(x^2-5x+10)$

기|본|예|제 14

$(x+1)(x+2)(x-4)(x-5)-16$을 인수분해하시오.

탐구 동일부분 치환 → 인수분해 후 환원!

풀이 **1st** 치환할 것을 고려하여 짝을 맞추어 전개하면

$$(준식) = \{(x+1)(x-4)\}\{(x+2)(x-5)\}-16$$
$$= (x^2-3x-4)(x^2-3x-10)-16$$

2nd $x^2-3x=X$로 치환하고 인수분해하면

$$(X-4)(X-10)-16 = X^2-14X+40-16$$
$$= X^2-14X+24 = (X-2)(X-12)$$

3rd $X=x^2-3x$로 환원하면

$$(준식) = (x^2-3x-2)(x^2-3x-12)$$

정답 $(x^2-3x-2)(x^2-3x-12)$

2 **복이차식인 경우의 인수분해**

(1) $x^2 = X$로 치환하여 생각한다.

(2) 치환하여 인수분해되지 않을 경우에는 (머리$\pm$꼬리)$^2 - (\quad)^2$ 꼴로 변형하여 생각한다.

강의 **복이차식인 경우의 인수분해**

→ 직관이나 $(\quad)^2 - (\quad)^2$ 꼴로 변형하여 인수분해한다!

→ ① 직관 이용 → ② (머리$\pm$꼬리)$^2 - (\quad)^2$ 꼴 변형

기|본|예|제 15

다음 식을 인수분해하시오.

(1) $x^4 - 7x^2 + 12$

(2) $x^4 - 4x^2y^2 + 4y^4$

탐구 $x^2 = X$로 치환하는 것은 x^2을 한 덩어리로 생각하여 직관에 의해 인수분해하는 것과 같다.

풀이 (1) **1st** x^2을 한 덩어리로 생각하여 인수분해하면

$$(준식) = (x^2 - 3)(x^2 - 4)$$
$$= (x^2 - 3)(x - 2)(x + 2)$$

(2) **1st** x^2, y^2을 한 덩어리로 생각하여 인수분해하면

$$(준식) = (x^2 - 2y^2)^2$$

정답 (1) $(x^2 - 3)(x - 2)(x + 2)$ (2) $(x^2 - 2y^2)^2$

기|본|예|제 16

다음 식을 인수분해하시오.

(1) $x^4 - 7x^2 + 1$

(2) $x^4 - 23x^2y^2 + y^4$

탐구 치환하여 인수분해되지 않으므로 $(\quad)^2 - (\quad)^2$ 꼴로 변형한다.

풀이 **1st** 치환하여 인수분해되지 않으므로 $(\quad)^2 - (\quad)^2$ 꼴로 변형하면

(1) $(준식) = (x^4 + 2x^2 + 1) - 9x^2 = (x^2 + 1)^2 - (3x)^2$
$$= (x^2 + 3x + 1)(x^2 - 3x + 1)$$

(2) $(준식) = (x^4 + 2x^2y^2 + y^4) - 25x^2y^2 = (x^2 + y^2)^2 - (5xy)^2$
$$= (x^2 + 5xy + y^2)(x^2 - 5xy + y^2)$$

정답 (1) $(x^2 + 3x + 1)(x^2 - 3x + 1)$ (2) $(x^2 + 5xy + y^2)(x^2 - 5xy + y^2)$

항수가 4개인 경우의 인수분해

→ 몇 개씩 group을 지어 생각한다.

강의 **항이 4개인 경우의 인수분해**

→ 그룹으로 묶어 인수분해한다!

$$\rightarrow \text{4항} \begin{cases} \text{2개 + 2개} \\ \text{1개 + 3개} \\ \text{3개 + 1개} \end{cases} \rightarrow \text{group으로 만든 후 인수분해}$$

기|본|예|제 17

다음 식을 인수분해하시오.

(1) $x^4 - 4x^2 - 16x - 16$ (2) $a^2 + b^2 - c^2 + 2ab$

탐구 4항 → 1항+3항, 3항+1항 → group으로 만든 후 인수분해!

풀이 (1) ①st 1항+3항으로 group을 만든 후 인수분해하면

$$(준식) = x^4 - 4(x^2 + 4x + 4) = x^4 - 4(x+2)^2$$
$$= (x^2)^2 - \{2(x+2)\}^2$$
$$= (x^2 + 2x + 4)(x^2 - 2x - 4)$$

(2) ①st 3항+1항으로 group을 만든 후 인수분해하면

$$(준식) = (a^2 + 2ab + b^2) - c^2 = (a+b)^2 - c^2$$
$$= (a+b+c)(a+b-c)$$

정답 (1) $(x^2 + 2x + 4)(x^2 - 2x - 4)$ (2) $(a+b+c)(a+b-c)$

기|본|예|제 18

$x^3 + 2x^2 - xy^2 - 2y^2$을 인수분해하시오.

탐구 4항 → 2항+2항 → group으로 만든 후 인수분해!

풀이 ①st 2항+2항으로 group을 만든 후 인수분해하면

$$(준식) = x^2(x+2) - y^2(x+2) = (x^2 - y^2)(x+2)$$
$$= (x+y)(x-y)(x+2)$$

정답 $(x+y)(x-y)(x+2)$

4 문자가 2개 이상인 경우의 인수분해

[1] 문자의 차수가 다를 때

→ 차수가 가장 낮은 문자에 대하여 내림차순으로 정리한다.

[2] 문자의 차수가 같을 때

→ 어느 한 문자에 대하여 내림차순으로 정리한다.

강의 | 문자가 2개 이상인 경우의 인수분해

→ 최저차 문자에 대해 내림차순으로 정리하여 인수분해한다!

→ 문자 多 → 최저차 문자 기준 정리

多(많을 다)

기|본|예|제 19

다음 식을 인수분해하시오.

(1) $x^3 + x^2 z + x z^2 - y^3 - y^2 z - y z^2$ (2) $2x^2 + 5xy - 3y^2 + 3x - 5y - 2$

탐구 ① 문자의 차수가 다를 때는 가장 낮은 차수의 문자에 대하여 내림차순 정리!

② 문자의 차수가 같으므로 어느 한 문자에 대하여 내림차순 정리!

풀이 (1) **1st** 문자의 차수가 다르므로 차수가 가장 낮은 z에 대하여 내림차순으로 정리하면

$$(준식) = (x - y)z^2 + (x^2 - y^2)z + x^3 - y^3$$

$$= (x - y)z^2 + (x + y)(x - y)z + (x - y)(x^2 + xy + y^2)$$

2nd 준식의 공통인수가 $x - y$이므로 공통인수로 묶어내면

$$(준식) = (x - y)\{z^2 + (x + y)z + x^2 + xy + y^2\}$$

$$= (x - y)(x^2 + y^2 + z^2 + xy + yz + zx)$$

(2) **1st** 문자의 차수가 같으므로 x에 대하여 내림차순으로 정리하면

$$(준식) = 2x^2 + (5y + 3)x - (3y^2 + 5y + 2)$$

2nd 상수항을 인수분해하고 준식을 인수분해하면

$$(준식) = 2x^2 + (5y + 3)x - (3y + 2)(y + 1)$$

$$= \{2x - (y + 1)\}\{x + (3y + 2)\}$$

$$= (2x - y - 1)(x + 3y + 2)$$

정답 (1) $(x - y)(x^2 + y^2 + z^2 + xy + yz + zx)$ (2) $(2x - y - 1)(x + 3y + 2)$

---

5 윤환식인 경우의 인수분해

→ 윤환식은 문자의 차수가 같으므로 어느 한 문자에 대하여 내림차순으로 정리하여 인수분해한다.

강의 **윤환식인 경우의 인수분해**

→ 한 문자에 대하여 내림차순으로 정리한 후 인수분해한다!

→ (준식)=□$(a-b)(b-c)(c-a)$ 꼴

기|본|예|제 20

다음 식을 인수분해하시오.

(1) $a^2(b-c)+b^2(c-a)+c^2(a-b)$

(2) $ab(a+b)+bc(b+c)+ca(c+a)+2abc$

탐구 전개하여 한 문자에 대하여 내림차순 정리!

풀이 (1) **1st** 식을 전개한 후 a에 대하여 내림차순으로 정리하면

$$(준식)=a^2b-ca^2+b^2c-ab^2+c^2a-bc^2$$

$$=(b-c)a^2-(b^2-c^2)a+bc(b-c)$$

$$=(b-c)a^2-(b+c)(b-c)a+bc(b-c)$$

2nd 준식의 공통인수가 $b-c$이므로 공통인수로 묶어내면

$$(준식)=(b-c)\{a^2-(b+c)a+bc\}$$

$$=(b-c)(a-b)(a-c)$$

$$=-(a-b)(b-c)(c-a)$$

(2) **1st** 식을 전개한 후 a에 대하여 내림차순으로 정리하면

$$(준식)=a^2b+ab^2+b^2c+bc^2+c^2a+ca^2+2abc$$

$$=(b+c)a^2+(b^2+2bc+c^2)a+bc(b+c)$$

$$=(b+c)a^2+(b+c)^2a+bc(b+c)$$

2nd 준식의 공통인수가 $b+c$이므로 공통인수로 묶어내면

$$(준식)=(b+c)\{a^2+(b+c)a+bc\}$$

$$=(b+c)(a+b)(a+c)$$

$$=(a+b)(b+c)(c+a)$$

정답 (1) $-(a-b)(b-c)(c-a)$　　(2) $(a+b)(b+c)(c+a)$

특별한 방법에 의한 인수분해

1 인수 정리를 이용한 인수분해

첫째, ±상수항의 약수, ±$\dfrac{\text{상수항의 약수}}{\text{최고차항의 계수의 약수}}$를 대입한다.

둘째, $f(\alpha)=0$이면 $x-\alpha$인 인수를 갖는다.

셋째, 조립제법을 이용하여 몫을 구한다.

강의 **고차식의 인수분해**

➡ 인수 정리를 이용하여 인수분해한다.

➡ 고차식 → 인수 정리 이용 → 인수분해

$$f(\alpha)=0 \quad \to \quad f(x)=(x-\alpha)Q(x)$$

$$\downarrow \qquad\qquad\qquad \downarrow$$

±상수항의 약수 대입   조립제법 이용

기|본|예|제 **21**

$x^4-2x^3-13x^2+14x+24$를 인수분해하시오.

탐구   최고차항의 계수가 1이므로 ±상수항의 약수를 대입하여 $f(\alpha)=0$이 되는 α를 찾는다!

풀이   **1st** ±(상수항 24의 약수) 중 대입하여 (준식)=0이 되게 하는 값을 찾으면

$$x=-1, \; x=2$$

2nd 이 값을 이용하여 조립제법으로 인수분해하면

$$
\begin{array}{r|rrrrr}
-1 & 1 & -2 & -13 & 14 & 24 \\
   &   & -1 & 3 & 10 & -24 \\
\hline
2 & 1 & -3 & -10 & 24 & 0 \\
  &   & 2 & -2 & -24 & \\
\hline
  & 1 & -1 & -12 & 0 & \\
\end{array}
$$

$$
\begin{aligned}
(\text{준식}) &= (x+1)(x-2)(x^2-x-12) \\
&= (x+1)(x-2)(x+3)(x-4)
\end{aligned}
$$

정답 $(x+1)(x-2)(x+3)(x-4)$

---

2 미정계수법에 의한 인수분해

첫째, (준식)=( )( ) 꼴로 놓아 전개한다.

둘째, 양변을 비교하여 계수를 구한다.

셋째, 구한 계수를 ( )( ) 꼴에 대입한다.

강의 미정계수법에 의한 인수분해

→ 인수 정리가 불가능한 경우에 이용한다!

→ 인수 정리 이용 불가 → 미정계수법 이용

→ (준식)=(머리$+ax+$꼬리)(머리$+bx+$꼬리)

    → 전개 → 계수 비교 → 대입

주의 준식의 일차항의 계수를 보고 꼬리부분을 분리한다.

① 일차항의 계수가 양수이면 상수항의 약수 중 큰 쪽이 양이다.

② 일차항의 계수가 음수이면 상수항의 약수 중 큰 쪽이 음이다.

기|본|예|제 22

$x^4-4x^3+3x^2+2x-1$을 인수분해하시오.

탐구 인수 정리가 불가능하므로 미정계수법을 이용!

풀이 **1st** 준식에 대입하여 (준식)=0이 되게 하는 값을 찾을 수 없으므로 준식의 머리와

꼬리에 맞춰 적당히 식을 설정하고 전개하면

$$x^4-4x^3+3x^2+2x-1=(\underline{x^2}+ax\underline{+1})(\underline{x^2}+bx\underline{-1})$$
$$\qquad\qquad\qquad\quad \text{머리} \quad \text{꼬리} \ \text{머리} \quad \text{꼬리}$$

$$=x^4+bx^3-x^2+ax^3+abx^2-ax+x^2+bx-1$$

$$=x^4+(a+b)x^3+abx^2+(b-a)x-1$$

2nd 계수비교법을 이용하면

$$a+b=-4,\ ab=3,\ b-a=2$$

3rd 이 식을 연립하여 a, b의 값을 구하면

$$a=-3,\ b=-1$$

4th 구한 값을 대입하여 준식을 인수분해하면

$$(준식)=(x^2-3x+1)(x^2-x-1)$$

정답 $(x^2-3x+1)(x^2-x-1)$

04 인수분해의 활용

1 식의 값 구하는 방법

(1) 준식을 인수분해한다.
(2) 합, 차, 곱을 대입하여 식의 값을 구한다.

강의 **다항식의 식의 값 구하는 방법**

➜ 인수분해하거나 변형 공식을 이용한다!

첫째, 인수분해 또는 변형 공식을 이용하여 식을 변형

둘째, $x+y$, $x-y$, xy의 값을 대입

기|본|예|제 23

$x = \dfrac{1+\sqrt{3}}{2}$, $y = \dfrac{1-\sqrt{3}}{2}$ 일 때, $x^3 + y^3 - 3x - 3y$의 값을 구하시오.

탐구 첫째, 준식을 인수분해하여 식을 변형한다.

둘째, 합, 차, 곱의 값을 식에 대입한다.

풀이 **1st** 준식을 인수분해하고 식을 변형하면

$$(\text{준식}) = (x^3 + y^3) - 3(x+y)$$
$$= (x+y)(x^2 - xy + y^2) - 3(x+y)$$
$$= (x+y)(x^2 - xy + y^2 - 3)$$
$$= (x+y)\{(x+y)^2 - 3xy - 3\}$$

2nd $x+y$, xy의 값을 구하면

$$x+y = 1, \quad xy = -\frac{1}{2}$$

3rd 구한 값을 이용하여 준식의 값을 구하면

$$(\text{준식}) = 1 \times \left\{ 1 - 3 \times \left(-\frac{1}{2} \right) - 3 \right\} = -\frac{1}{2}$$

✓ 정답 $-\dfrac{1}{2}$

복잡한 수식을 계산하는 방법

→ 큰 수식은 계산이 어려우므로 인수분해하여 간단한 수식으로 만들어 쉽게 계산한다.

강의 복잡한 수식을 계산하는 방법

→ 인수분해하여 간단한 수식으로 변형한다!

→ 복잡한 수식 → 인수분해 → 간단한 수식

기|본|예|제 24

다음 식의 값을 구하시오.

(1) $\dfrac{2025^3 + 1}{2024 \times 2025 + 1}$

(2) $1^2 - 3^2 + 5^2 - 7^2 + 9^2 - 11^2$

탐구 ① 적당한 수를 x로 놓고 인수분해한다.

② 두 개씩 묶어 (합)(차) 공식을 이용한다.

풀이 (1) **1st** $2025 = x$로 놓고 식을 정리하면

$$(준식) = \frac{x^3 + 1}{(x-1)x + 1} = \frac{x^3 + 1}{x^2 - x + 1}$$

2nd 분자를 인수분해하고 약분하여 간단히 하면

$$(준식) = \frac{(x+1)(x^2 - x + 1)}{x^2 - x + 1}$$

$$= x + 1$$

3rd $x = 2025$로 환원하면

$$(준식) = 2025 + 1 = 2026$$

(2) **1st** 두 개씩 묶어서 합·차 공식을 이용하면

$$(준식) = (1^2 - 3^2) + (5^2 - 7^2) + (9^2 - 11^2)$$

$$= (1-3)(1+3) + (5-7)(5+7) + (9-11)(9+11)$$

$$= (-2) \times 4 + (-2) \times 12 + (-2) \times 20$$

2nd 계산식에서 -2를 공통인수로 보고 묶어내고 계산하면

$$(준식) = (-2) \times 36 = -72$$

정답 (1) 2026　　(2) -72

3 삼각형의 모양을 판단하는 방법

첫째, 인수분해 또는 변형 공식을 이용하여 식을 정리한다.

둘째, 세 변 a, b, c의 관계식을 보고 삼각형의 모양을 판단한다.

강의 삼각형의 모양을 판단하는 방법

→ 인수분해 또는 변형 공식을 이용하여 세 변의 관계식을 구하고 판단한다!

→ 인수분해 또는 변형 공식 → 세 변의 관계식 → 삼각형의 모양 판단

기|본|예|제 25

삼각형의 세 변의 길이 a, b, c에 대하여 다음 등식을 만족하는 삼각형의 모양을 말하시오.

(1) $a^3+b^3+c^3=3abc$

(2) $-a(b^2-c^2)+b(a^2-c^2)+c(a^2-b^2)=0$

탐구 준식을 인수분해 → 변형 공식 → 세 변의 관계식 → 삼각형의 모양 결정

풀이 (1) **1st** 식을 좌변으로 이항하면

$$a^3+b^3+c^3-3abc=0$$

2nd 준식을 인수분해하고 변형하면

$$(준식)=(a+b+c)(a^2+b^2+c^2-ab-bc-ca)$$

$$=\frac{1}{2}(a+b+c)\{(a-b)^2+(b-c)^2+(c-a)^2\}=0$$

3rd $a+b+c\neq0$이므로 변형식에서 세 변의 관계식을 구하면

$$a-b=0,\ b-c=0,\ c-a=0\quad \therefore\ a=b=c$$

따라서 이 삼각형은 정삼각형이다.

(2) **1st** 준식을 전개하여 인수분해하면

$$(준식)=-ab^2+c^2a+a^2b-bc^2+ca^2-b^2c$$

$$=(b+c)a^2-(b^2-c^2)a-bc(b+c)$$

$$=(b+c)a^2-(b+c)(b-c)a-bc(b+c)$$

$$=(b+c)\{a^2-(b-c)a-bc\}=(b+c)(a-b)(a+c)$$

$$=(a-b)(b+c)(c+a)=0$$

2nd 인수분해한 식에서 세 변의 관계식을 구하면

$$b+c\neq0,\ c+a\neq0\quad \therefore\ a-b=0$$

따라서 이 삼각형은 $a=b$인 이등변삼각형이다.

정답 (1) 정삼각형 (2) $a=b$인 이등변삼각형

반복 학습 기록란.

가장 좋은 학습 방법은 학교에서나 학원에서나 선생님의 강의를 열심히 듣고 여러 번 반복 학습하는 것입니다.
지금부터 당장 선생님의 강의를 열심히 듣고 반복! 반복하십시오. 그러면 곧 모든 과목에 자신이 생길 것입니다.

회수	시작이 반!			끝을 봐야!			확인
제1회	년	월	일부터	년	월	일까지	
제2회	년	월	일부터	년	월	일까지	
제3회	년	월	일부터	년	월	일까지	
제4회	년	월	일부터	년	월	일까지	
제5회	년	월	일부터	년	월	일까지	
제6회	년	월	일부터	년	월	일까지	
제7회	년	월	일부터	년	월	일까지	
제8회	년	월	일부터	년	월	일까지	
제9회	년	월	일부터	년	월	일까지	
제10회	년	월	일부터	년	월	일까지	

단원 점검문제

01 $3x^3y - 6x^2y^2 - 6xy^3$을 인수분해하시오.

02 $m+n=5$, $x+y+z=7$일 때, $mx+my+mz+nx+ny+nz$의 값을 구하시오.

03   다음 식을 인수분해하시오.
(1) $x^2 - 9$
(2) $4x^2 - 9y^2$
(3) $(x-3)^2 - (y+1)^2$
(4) $x^4 - y^4$

04 $4x^2 + 12xy + 9y^2$을 인수분해하시오.

05 $a^2 + b^2 + c^2 - 2ab + 2bc - 2ca$를 인수분해하시오.

06 다음 식을 인수분해하시오.

(1) $x^2 - 5x + 6$

(2) $x^2 - 2x - 3$

(3) $x^2y^2 + 2x^2y - 8x^2$

07 다음 식을 인수분해하시오.

(1) $3x^2 - xy - 4y^2$

(2) $2a^2 - 5ab + 2b^2$

08 다음 식을 인수분해하시오.

(1) $8x^3 - 36x^2y + 54xy^2 - 27y^3$

(2) $64x^3 + 48x^2y + 12xy^2 + y^3$

09 다음 식을 인수분해하시오.

(1) $x^3 + 8$

(2) $8x^3 - 27y^3$

(3) $x^6 - y^6$

10 다음 식을 인수분해하시오.

(1) $a^3 + 8b^3 + 27c^3 - 18abc$

(2) $x^3 - y^3 + 6xy + 8$

(3) $8x^3 + 27y^3 - z^3 + 18xyz$

11 다음 식을 인수분해하시오.

(1) $x^4 + 4x^2 + 16$

(2) $16x^4 + 4x^2y^2 + y^4$

12 $x = \dfrac{\sqrt{7} + \sqrt{3}}{2}$, $y = \dfrac{\sqrt{7} - \sqrt{3}}{2}$ 일 때, $x^4 + x^2y^2 + y^4$의 값을 구하시오.

13 $(x^2 - 5x + 4)(x^2 - 5x + 6) - 24$를 인수분해하시오.

14 $(x+1)(x+2)(x-4)(x-5) - 16$을 인수분해하시오.

15 다음 식을 인수분해하시오.

(1) $x^4 - 7x^2 + 12$

(2) $x^4 - 4x^2y^2 + 4y^4$

16 다음 식을 인수분해하시오.

(1) $x^4 - 7x^2 + 1$

(2) $x^4 - 23x^2y^2 + y^4$

17 다음 식을 인수분해하시오.

(1) $x^4 - 4x^2 - 16x - 16$

(2) $a^2 + b^2 - c^2 + 2ab$

18 $x^3 + 2x^2 - xy^2 - 2y^2$을 인수분해하시오.

19 다음 식을 인수분해하시오.

(1) $x^3 + x^2z + xz^2 - y^3 - y^2z - yz^2$

(2) $2x^2 + 5xy - 3y^2 + 3x - 5y - 2$

20 다음 식을 인수분해하시오.

(1) $a^2(b-c) + b^2(c-a) + c^2(a-b)$

(2) $ab(a+b) + bc(b+c) + ca(c+a) + 2abc$

21 $x^4 - 2x^3 - 13x^2 + 14x + 24$를 인수분해하시오.

22 $x^4 - 4x^3 + 3x^2 + 2x - 1$을 인수분해하시오.

23 $x = \dfrac{1+\sqrt{3}}{2}$, $y = \dfrac{1-\sqrt{3}}{2}$일 때, $x^3 + y^3 - 3x - 3y$의 값을 구하시오.

24   다음 식의 값을 구하시오.

(1) $\dfrac{2025^3 + 1}{2024 \times 2025 + 1}$

(2) $1^2 - 3^2 + 5^2 - 7^2 + 9^2 - 11^2$

25   삼각형의 세 변의 길이 a, b, c에 대하여 다음 등식을 만족하는 삼각형의 모양을 말하시오.

(1) $a^3 + b^3 + c^3 = 3abc$

(2) $-a(b^2 - c^2) + b(a^2 - c^2) + c(a^2 - b^2) = 0$

II

이차방정식

PART 01. 복소수
PART 02. 이차방정식

P A R T
01

복소수

1 복소수의 정의
2 복소수의 연산
3 제곱근의 계산
◈ 반복 학습 기록란
◈ 단원 점검문제

명언

희망을 가져본 적이 없는 자는 절망할 자격도 없다.
- 버나드 쇼 -

01 복소수의 정의

1 복소수

[1] 허수의 도입

→ 제곱하면 양수 또는 0이 되는 실수의 체계에서 제곱하면 음수가 되는 가상적인 수 $i = \sqrt{-1}$ 을 도입하여 복소수의 체계로 수를 확장함으로써 우리의 사고 범위를 넓혀 주었다.

[2] 허수단위 i

→ 제곱하여 -1이 되는 수는 $\pm\sqrt{-1}$ 이다.
  여기서, $\sqrt{-1}$ 을 i로 즉, $i = \sqrt{-1}$ 로 나타내고 i를 **허수단위**라 한다.
→ $i = \sqrt{-1}$, $i^2 = -1$

> **체크** 허수의 도입
> → $(실수)^2 \geq 0 \rightarrow (\ ?\ )^2 < 0$
> → $i = \sqrt{-1} \rightarrow i^2 = -1 < 0$

[3] 복소수의 체계

(1) a, b가 실수일 때, $a+bi$의 꼴로 나타내어지는 수를 **복소수**라 하고, 복소수 $a+bi$에서 a를 **실수부분**, b를 **허수부분**이라 한다.

(2) 실수가 아닌 복소수 $a+bi$를 **허수**라 하고, 실수부분이 0인 허수 bi를 **순허수**라 한다.
  이때 순허수는 제곱하면 음수가 된다.

$$\text{복소수} \begin{cases} \text{실수} \begin{cases} \text{유리수} \\ \text{무리수} \end{cases} \\ \text{허수} \begin{cases} \text{순허수} \\ \text{순허수가 아닌 허수} \end{cases} \end{cases}$$

[4] 복소수 $a+bi$

(1) 실수일 조건: $b=0$

(2) 허수일 조건: $b \neq 0$

(3) 순허수일 조건: $a=0$, $b \neq 0$

(4) 순허수가 아닌 허수일 조건: $a \neq 0$, $b \neq 0$

> **체크** ① $(실수)^2 \geq 0$이고, $(순허수)^2 < 0$이다.
> ② 실수는 대소·양음을 생각할 수 있지만, 허수는 대소·양음을 생각할 수 없다.

강의 **복소수 $a+bi$의 체계**

→ 실수부분은 a이고, 허수부분은 b이다!

→ 복소수 $a + bi$ 꼴의 수
           ↑   ↑
        실수부분 허수부분

주의 허수부분은 bi가 아니라 b이다.

기|본|예|제 01

다음 복소수의 실수부분과 허수부분을 구하시오.

(1) $2-5i$ (2) $2\sqrt{3}\,i+1$ (3) $3i$ (4) -7

탐구 $a+bi$에서 실수부분은 a, 허수부분은 b이다.

풀이   **(1st)** 주어진 복소수를 $a+bi$의 꼴로 나타내고 실수부분과 허수부분을 구하면

(1) $2-5i$에서

실수부분은 2, 허수부분은 -5이다.

(2) $2\sqrt{3}\,i+1=1+2\sqrt{3}\,i$에서

실수부분은 1, 허수부분은 $2\sqrt{3}$이다.

(3) $3i=0+3i$에서

실수부분은 0, 허수부분은 3이다.

(4) $-7=-7+0i$에서

실수부분은 -7, 허수부분은 0이다.

정답   (1) 실수부분: 2, 허수부분: -5 (2) 실수부분: 1, 허수부분: $2\sqrt{3}$

              (3) 실수부분: 0, 허수부분: 3   (4) 실수부분: -7, 허수부분: 0

MEMO

복소수

→ 실수와 허수를 모두 일컫는 말이다!

→ $a+bi$ 꼴의 수 (단, a, b는 실수, $i=\sqrt{-1}$)

→ 복소수 ┌ 실수: $\sqrt{3}+0i \rightarrow b=0$
　　　　└ 허수 ┌ 순허수: $0+\sqrt{3}\,i \rightarrow a=0,\ b\neq 0$
　　　　　　　└ 순허수가 아닌 허수: $\sqrt{3}+2i \rightarrow a\neq 0,\ b\neq 0$

기 | 본 | 예 | 제 02

다음 중 순허수가 아닌 허수인 것을 모두 고르시오.

① $2+3i$　　　② $-3i$　　　③ 0　　　④ $i-1$　　　⑤ $\sqrt{5}\,i$

탐구　복소수 $a+bi$가 순허수가 아닌 허수일 조건 → $a\neq 0,\ b\neq 0$

풀이　**1st** 복소수 $a+bi$가 순허수가 아닌 허수이면 $a\neq 0,\ b\neq 0$이므로

① $2+3i \rightarrow a\neq 0,\ b\neq 0$이므로 순허수가 아닌 허수이다.

② $0-3i \rightarrow a=0,\ b\neq 0$이므로 순허수이다.

③ $0+0i \rightarrow a=0,\ b=0$이므로 실수이다.

④ $-1+i \rightarrow a\neq 0,\ b\neq 0$이므로 순허수가 아닌 허수이다.

⑤ $0+\sqrt{5}\,i \rightarrow a=0,\ b\neq 0$이므로 순허수이다.

따라서 순허수가 아닌 허수는 ①, ④이다.

✔ 정답　①, ④

기 | 본 | 예 | 제 03

복소수 $z=(1+i)x^2+x-(2+i)$가 0이 아닌 실수일 때, 실수 x의 값을 구하시오.

탐구　복소수 $a+bi$가 0이 아닌 실수가 될 조건 → $a\neq 0,\ b=0$

풀이　**1st** 복소수 z를 실수부분과 허수부분으로 정리하면

$$z=(x^2+x-2)+(x^2-1)i$$

2nd z가 0이 아닌 실수이려면 (실수부분)$\neq 0$, (허수부분)$=0$이므로

$x^2+x-2\neq 0 \quad (x+2)(x-1)\neq 0 \quad \therefore\ x\neq -2$ 그리고 $x\neq 1$ …… ①

$x^2-1=0 \quad (x-1)(x+1)=0 \quad \therefore\ x=1$ 또는 $x=-1$ …… ②

3rd ①과 ②를 동시에 만족하는 x의 값을 구하면

$$x=-1$$

✔ 정답　-1

복소수 $z = (i-1)x^2 + (4-5i)x - 3 + 6i$가 순허수일 때, 실수 x의 값을 구하시오.

탐구 복소수 $a + bi$가 순허수일 조건 → $a = 0$, $b \neq 0$

풀이 **(1st)** 복소수 z를 실수부분과 허수부분으로 정리하면

$$z = -(x^2 - 4x + 3) + (x^2 - 5x + 6)i$$

(2nd) z가 순허수이려면 (실수부분)$= 0$, (허수부분)$\neq 0$이므로

$$x^2 - 4x + 3 = 0 \quad (x-1)(x-3) = 0$$

$$\therefore \ x = 1 \ \text{또는} \ x = 3 \qquad \cdots\cdots ①$$

$$x^2 - 5x + 6 \neq 0 \quad (x-2)(x-3) \neq 0$$

$$\therefore \ x \neq 2 \ \text{그리고} \ x \neq 3 \qquad \cdots\cdots ②$$

(3rd) ①과 ②를 동시에 만족하는 x의 값을 구하면

$$x = 1$$

정답 1

복소수 $z = (1+i)x^2 - x - i$에 대하여 z^2이 실수가 되게 하는 실수 x의 값을 모두 구하시오.

탐구 z^2이 실수가 되려면 z가 실수 또는 순허수이어야 한다.

풀이 **(1st)** 복소수 z를 실수부분과 허수부분으로 정리하면

$$z = x^2 + x^2 i - x - i = (x^2 - x) + (x^2 - 1)i$$

(2nd) z^2이 실수가 되려면 z가 실수 또는 순허수이어야 하므로

ⅰ) z가 실수일 때, (허수부분)$= 0$이므로

$$x^2 - 1 = 0 \quad (x-1)(x+1) = 0 \quad \therefore \ x = \pm 1$$

ⅱ) z가 순허수일 때, (실수부분)$= 0$, (허수부분)$\neq 0$이므로

$$x^2 - x = 0 \quad x(x-1) = 0$$

$$\therefore \ x = 0 \ \text{또는} \ x = 1 \qquad \cdots\cdots ①$$

$$x^2 - 1 \neq 0 \quad (x-1)(x+1) \neq 0$$

$$\therefore \ x \neq 1 \ \text{그리고} \ x \neq -1 \qquad \cdots\cdots ②$$

①과 ②를 동시에 만족하는 x의 값을 구하면

$$x = 0$$

(3rd) ⅰ), ⅱ)에서 x의 값을 구하면

$$x = \pm 1 \ \text{또는} \ x = 0$$

정답 ± 1 또는 0

2 켤레복소수

(1) 복소수 z의 허수부분의 부호를 바꾸어 만들어지는 복소수 $\overline{z}$를 **켤레복소수**라 한다.

→ $z=a+bi$ ← 켤레복소수 → $\overline{z}=a-bi$

(2) 복소수 z가 실수이면 $\overline{z}=z$이고, 복소수 z가 순허수이면 $\overline{z}=-z$이다.

① $z=a$ ⇄ $\overline{z}=a$

② $z=bi$ ⇄ $\overline{z}=-bi$

강의 **켤레복소수**

→ i 앞의 부호를 바꾼 것이다!

→ $z=a+bi$
$\overline{z}=a-bi$ ⟩ 켤레복소수

① $z=\sqrt{3}+0i$(실수) → $\overline{z}=\sqrt{3}-0i=z$

② $z=0+\sqrt{3}i$(순허수) → $\overline{z}=0-\sqrt{3}i=-z$

③ $z=\sqrt{3}+2i$(순허수가 아닌 허수) → $\overline{z}=\sqrt{3}-2i$

기|본|예|제 06

다음 각 복소수의 켤레복소수를 구하시오. (단, $\overline{z}$는 z의 켤레복소수)

(1) $4-2i$　　　　　　(2) $-7i$　　　　　　(3) 3

(4) $5i+1$　　　　　　(5) $\overline{-\sqrt{5}-\sqrt{3}i}$

탐구 $a+bi$의 켤레복소수는 $a-bi$이다.

풀이 (1st) 켤레복소수는 허수부분의 부호를 바꾼 것이므로

(1) $4-2i$의 켤레복소수 → $4+2i$

(2) $0-7i$의 켤레복소수 → $7i$

(3) $3+0i$의 켤레복소수 → 3

(4) $1+5i$의 켤레복소수 → $1-5i$

(5) $\overline{-\sqrt{5}-\sqrt{3}i}=-\sqrt{5}+\sqrt{3}i$의 켤레복소수 → $-\sqrt{5}-\sqrt{3}i$

정답 (1) $4+2i$　(2) $7i$　(3) 3　(4) $1-5i$　(5) $-\sqrt{5}-\sqrt{3}i$

02 복소수의 연산

1 복소수의 덧셈과 뺄셈과 곱셈

[1] 복소수의 덧셈과 뺄셈과 곱셈

→ a, b, c, d를 실수라 할 때, i를 문자처럼 취급하여 계산한 후, 실수부분과 허수부분으로 분리하여 정리한다.

(1) 덧셈: $(a+bi)+(c+di)=(a+c)+(b+d)i$

(2) 뺄셈: $(a+bi)-(c+di)=(a-c)+(b-d)i$

(3) 곱셈: $(a+bi)\times(c+di)=(ac-bd)+(ad+bc)i$

[2] 복소수의 덧셈과 곱셈에 대한 성질

→ 복소수 z_1, z_2, z_3, z_4에 대하여 다음 연산법칙이 성립한다.

(1) 교환법칙

① $z_1+z_2=z_2+z_1$

② $z_1z_2=z_2z_1$

(2) 결합법칙

① $z_1+(z_2+z_3)=(z_1+z_2)+z_3$

② $z_1(z_2z_3)=(z_1z_2)z_3$

(3) 분배법칙

① $z_1(z_2+z_3)=z_1z_2+z_1z_3$

② $(z_1+z_2)(z_3+z_4)=z_1z_3+z_1z_4+z_2z_3+z_2z_4$

강의 복소수의 덧셈과 뺄셈과 곱셈

→ i를 문자처럼 취급하여 실수 체계와 동일하게 계산한다!

첫째, i를 문자처럼 취급하여 계산한다!

둘째, $i^2=-1$을 활용한다!

셋째, ( )+( )i 꼴로 정리한다!

주의 복소수의 합과 곱

→ 실수 체계와 동일하다!

→ 교환, 결합, 분배법칙이 성립한다!

다음을 계산하시오.

(1) $(2+3i)+(2-i)$

(2) $(3-i)+(1+2i)$

(3) $(6-3i)-(4-2i)$

(4) $(3+2i)-(-1-i)$

탐구 i를 문자처럼 취급하여 계산한다.

풀이 **1st** i를 문자 취급하고 계산하면

(1) (준식) $= (2+2)+(3-1)i = 4+2i$

(2) (준식) $= (3+1)+(-1+2)i = 4+i$

(3) (준식) $= (6-4)+\{-3-(-2)\}i = 2-i$

(4) (준식) $= \{3-(-1)\}+\{2-(-1)\}i = 4+3i$

정답 (1) $4+2i$ (2) $4+i$ (3) $2-i$ (4) $4+3i$

다음을 계산하시오.

(1) $(2+i)(1-2i)$

(2) $(3+i)(2-3i)$

탐구 $i^2 = -1$을 활용하고 i를 문자처럼 취급하여 계산한다.

풀이 **1st** $i^2 = -1$임을 이용하고 i를 문자처럼 취급하여 계산하면

(1) (준식) $= 2-4i+i-2i^2$

$= (2+2)+(-4+1)i = 4-3i$

(2) (준식) $= 6-9i+2i-3i^2$

$= (6+3)+(-9+2)i = 9-7i$

정답 (1) $4-3i$ (2) $9-7i$

MEMO

i, $\sqrt{}$ 가 있는 $(a\pm b)^2$꼴의 계산

→ $(a\pm b)^2 = a^2 + b^2 \pm 2ab$를 이용한다!

① $(a\pm bi)^2 = a^2 - b^2 \pm 2abi$

② $(\sqrt{a}\pm\sqrt{b})^2 = a^2 + b^2 \pm 2\sqrt{ab}$

기|본|예|제 09

다음을 계산하시오.

(1) $(2+3i)^2$

(2) $(2-3i)^2$

탐구 $(a\pm bi)^2 = a^2 - b^2 \pm 2abi$

풀이 (1st) $(a\pm bi)^2 = a^2 - b^2 \pm 2abi$를 이용하여 전개하면

(1) (준식) $= 4-9+12i = -5+12i$

(2) (준식) $= 4-9-12i = -5-12i$

정답 (1) $-5+12i$ (2) $-5-12i$

강의 $x = a+bi$ 꼴을 이용한 식의 값 구하는 법

→ a를 이항한 후 양변을 제곱하여 (이차식)$=0$을 만들고 식의 값을 구한다!

첫째, a를 이항 → $x-a = bi$

둘째, 양변 제곱 → (이차식)$=0$

셋째, (고차식)÷(이차식) → 나머지 r → 답

주의 준식이 고차식일 때는 이차식으로 나눈 나머지가 답이다!

기|본|예|제 10

$x = -1 + \sqrt{3}\,i$일 때, $2x^3 + 4x^2 + 8x + 3$의 값을 구하시오.

탐구 $x = a+bi$ → 이항하여 양변 제곱 → (2차식)$=0$

풀이 (1st) $x = -1 + \sqrt{3}\,i$에서 $x+1 = \sqrt{3}\,i$의 양변을 제곱하여 정리하면

$x^2 + 2x + 1 = -3$ ∴ $x^2 + 2x + 4 = 0$

(2nd) 준식을 이차식으로 나누어 값을 구하면

(준식) $= 2x(x^2 + 2x + 4) + 3 = 3$

정답 3

→ $\alpha = a + bi$, $\beta = c + di$ 이고 $\overline{\alpha}$, $\overline{\beta}$ 는 각각 α, β 의 켤레복소수일 때

(1) α의 켤레복소수의 켤레복소수는 α이다.

  → $\overline{(\overline{\alpha})} = \alpha$

(2) 켤레복소수의 합과 곱은 실수가 된다.

  ① 합: $\alpha + \overline{\alpha} = (a+bi) + (a-bi) = 2a$ (실수)

  ② 곱: $\alpha\overline{\alpha} = (a+bi)(a-bi) = a^2 + b^2$ (실수)

(3) α, β의 합, 차, 곱, 몫의 켤레복소수는 $\overline{\alpha}$, $\overline{\beta}$ 의 합, 차, 곱, 몫과 같다.

  ① $\overline{\alpha + \beta} = \overline{\alpha} + \overline{\beta}$

  ② $\overline{\alpha - \beta} = \overline{\alpha} - \overline{\beta}$

  ③ $\overline{\alpha\beta} = \overline{\alpha}\,\overline{\beta}$

  ④ $\overline{\left(\dfrac{\beta}{\alpha}\right)} = \dfrac{\overline{\beta}}{\overline{\alpha}}$ (단, $\alpha \neq 0$)

강의 **켤레복소수의 합과 곱**

→ i가 없어지고 실수만 남는다!

→ 켤레복소수의 합과 곱은 실수가 된다!

  ① 합 $z + \overline{z} = (a+bi) + (a-bi) = 2a$ (실수)

  ② 곱 $z\overline{z} = (a+bi)(a-bi) = a^2 + b^2$ (실수)

주의 합과 차의 곱셈공식의 확장

  ① $(a+b)(a-b) = a^2 - b^2$

  ② $(a+bi)(a-bi) = a^2 + b^2$

  ③ $(\sqrt{a} + \sqrt{b})(\sqrt{a} - \sqrt{b}) = a - b$

◢ MEMO

기|본|예|제 11

$z = \dfrac{1-\sqrt{3}\,i}{2}$ 일 때, $z^2 + \bar{z}^2 - \dfrac{1}{z} - \dfrac{1}{\bar{z}}$ 의 값을 구하시오.

탐구 　대칭식이므로 $z + \bar{z}$ 와 $z\bar{z}$ 를 구하여 대입한다.

풀이 　**(1st)** $z + \bar{z}$ 와 $z\bar{z}$ 를 구하면

$$z = \frac{1-\sqrt{3}\,i}{2}, \;\; \bar{z} = \frac{1+\sqrt{3}\,i}{2} \text{에서}$$

$$z + \bar{z} = 1, \;\; z\bar{z} = 1$$

(2nd) 준식이 대칭식이므로 준식을 변형하여 식의 값을 구하면

$$(\text{준식}) = (z + \bar{z})^2 - 2z\bar{z} - \left(\frac{1}{z} + \frac{1}{\bar{z}}\right) = (z + \bar{z})^2 - 2z\bar{z} - \frac{z + \bar{z}}{z\bar{z}}$$

$$= 1^2 - 2 \times 1 - \frac{1}{1} = -2$$

✔ 정답 　-2

기|본|예|제 12

$a = 1-i, \; b = 1+i$ 일 때, $\dfrac{b}{a} + \dfrac{a}{b}$ 의 값을 구하시오.

탐구 　준식이 대칭식이므로 켤레복소수인 두 수를 이용하여 $a+b$ 와 ab 를 구해 계산한다.

풀이 　**(1st)** 주어진 복소수를 이용하여 $a+b$ 와 ab 를 구하면

$$a + b = 2, \;\; ab = 2$$

(2nd) 준식이 대칭식이므로 식을 변형하여 식의 값을 구하면

$$(\text{준식}) = \frac{a^2 + b^2}{ab} = \frac{(a+b)^2 - 2ab}{ab} = \frac{4-4}{2} = 0$$

✔ 정답 　0

MEMO

합, 차, 곱, 몫의 켤레복소수

→ 켤레복소수의 합, 차, 곱, 몫과 같다.

→ $\overline{\alpha}$, $\overline{\beta}$ 는 각각 α, β의 켤레복소수일 때

① $\overline{\alpha+\beta}=\overline{\alpha}+\overline{\beta}$ ② $\overline{\alpha-\beta}=\overline{\alpha}-\overline{\beta}$

③ $\overline{\alpha\beta}=\overline{\alpha}\,\overline{\beta}$ ④ $\overline{\left(\dfrac{\beta}{\alpha}\right)}=\dfrac{\overline{\beta}}{\overline{\alpha}}$ (단, $\alpha\neq0$)

기|본|예|제 13

$\alpha=-2+i$, $\beta=1-2i$일 때, 다음의 값을 구하시오.(단, $\overline{\alpha}$, $\overline{\beta}$ 는 각각 α, β의 켤레복소수)

(1) $\overline{\alpha}^{\,2}+2\overline{\alpha\beta}+\overline{\beta}^{\,2}$ (2) $\overline{\alpha}^{\,2}+\overline{\beta}^{\,2}$

(3) $\alpha\overline{\alpha}+\overline{\alpha}\,\beta+\alpha\overline{\beta}+\beta\overline{\beta}$ (4) $\overline{\alpha}^{\,3}+\overline{\beta}^{\,3}$

탐구 $\overline{\alpha\pm\beta}=\overline{\alpha}\pm\overline{\beta}$, $\overline{\alpha\beta}=\overline{\alpha}\,\overline{\beta}$

풀이   **1st** $\alpha+\beta$, $\alpha\beta$의 값을 구하면

$$\alpha+\beta=-2+i+1-2i=-1-i$$
$$\alpha\beta=(-2+i)(1-2i)=(-2+2)+(4+1)i=5i$$

2nd $\overline{\alpha+\beta}$, $\overline{\alpha\beta}$의 값을 구하면

$$\overline{\alpha+\beta}=\overline{-1-i}=-1+i$$
$$\overline{\alpha\beta}=\overline{5i}=-5i$$

3rd 준식을 정리하여 식의 값을 구하면

(1) $(준식)=\overline{\alpha}^{\,2}+2\overline{\alpha}\,\overline{\beta}+\overline{\beta}^{\,2}=\left(\overline{\alpha}+\overline{\beta}\right)^2=\left(\overline{\alpha+\beta}\right)^2$
$$=(-1+i)^2=1-1-2i=-2i$$

(2) $(준식)=\left(\overline{\alpha}+\overline{\beta}\right)^2-2\overline{\alpha}\,\overline{\beta}=\left(\overline{\alpha+\beta}\right)^2-2\overline{\alpha\beta}$
$$=(-1+i)^2-2\times(-5i)$$
$$=1-1-2i+10i=8i$$

(3) $(준식)=\alpha(\overline{\alpha}+\overline{\beta})+\beta(\overline{\alpha}+\overline{\beta})=(\alpha+\beta)(\overline{\alpha}+\overline{\beta})=(\alpha+\beta)(\overline{\alpha+\beta})$
$$=(-1-i)(-1+i)$$
$$=(-1)^2-i^2=1+1=2$$

(4) $(준식)=\left(\overline{\alpha}+\overline{\beta}\right)^3-3\overline{\alpha}\,\overline{\beta}\left(\overline{\alpha}+\overline{\beta}\right)=\left(\overline{\alpha+\beta}\right)^3-3\overline{\alpha\beta}\left(\overline{\alpha+\beta}\right)$
$$=(-1+i)^3-3\times(-5i)\times(-1+i)$$
$$=2+2i-15i-15=-13-13i$$

정답   (1) $-2i$ (2) $8i$ (3) 2 (4) $-13-13i$

3 복소수의 나눗셈

→ 분모의 켤레복소수를 분모, 분자에 곱하여 분모를 실수화하는 것이다.

(1) $\dfrac{c}{a+bi}=\dfrac{c(a-bi)}{a^2+b^2}=\dfrac{ac-bci}{a^2+b^2}$

(2) $\dfrac{a-bi}{a+bi}=\dfrac{(a-bi)^2}{a^2+b^2}=\dfrac{a^2-b^2-2abi}{a^2+b^2}$

(3) $\dfrac{a+bi}{a-bi}=\dfrac{(a+bi)^2}{a^2+b^2}=\dfrac{a^2-b^2+2abi}{a^2+b^2}$

(4) $\dfrac{c+di}{a+bi}=\dfrac{(c+di)(a-bi)}{a^2+b^2}=\dfrac{ac+bd+(ad-bc)i}{a^2+b^2}$

> **특강** $\dfrac{c+di}{a+bi}=\dfrac{(c+di)(a-bi)}{(a+bi)(a-bi)}=\dfrac{ac-bdi^2+adi-bci}{a^2+b^2}=\dfrac{ac+bd+(ad-bc)i}{a^2+b^2}$

강의 **복소수의 나눗셈**

→ 분모, 분자에 분모의 켤레복소수를 곱하여 실수화하는 것이다!

→ $\dfrac{c+di}{a+bi}=\dfrac{(c+di)(a-bi)}{(a+bi)(a-bi)}=\dfrac{(ac+bd)+(ad-bc)i}{a^2+b^2}$

① $\dfrac{a-bi}{a+bi}=\dfrac{(a-bi)^2}{a^2+b^2}=\dfrac{(a^2-b^2)-2abi}{a^2+b^2}$

② $\dfrac{a+bi}{a-bi}=\dfrac{(a+bi)^2}{a^2+b^2}=\dfrac{(a^2-b^2)+2abi}{a^2+b^2}$

기|본|예|제 14

$\dfrac{1}{1-2i}$ 을 계산하시오.

탐구 복소수의 나눗셈 → 분모의 실수화

풀이 **1st** 분모와 분자에 $1+2i$를 곱하여 분모의 실수화를 하면

$$\frac{1}{1-2i}=\frac{1+2i}{1^2+2^2}=\frac{1+2i}{5}=\frac{1}{5}+\frac{2}{5}i$$

정답 $\dfrac{1}{5}+\dfrac{2}{5}i$

다음을 계산하시오.

(1) $\dfrac{3+2i}{2-i}$　　　　(2) $\dfrac{2+3i}{4+5i}$　　　　(3) $\dfrac{2-3i}{2+3i}$　　　　(4) $\dfrac{3+4i}{1+2i}$

탐구　　복소수의 나눗셈 → 분모의 실수화

풀이　(1) ⒈ˢᵗ 분모와 분자에 $2+i$를 곱하여 분모의 실수화를 하면

$$\frac{3+2i}{2-i}=\frac{(3+2i)(2+i)}{(2-i)(2+i)}=\frac{6-2+(3+4)i}{4+1}$$

$$=\frac{4+7i}{5}=\frac{4}{5}+\frac{7}{5}i$$

(2) ⒈ˢᵗ 분모와 분자에 $4-5i$를 곱하여 분모의 실수화를 하면

$$\frac{2+3i}{4+5i}=\frac{(2+3i)(4-5i)}{4^2+5^2}=\frac{(8+15)+(-10+12)i}{41}$$

$$=\frac{23+2i}{41}=\frac{23}{41}+\frac{2}{41}i$$

(3) ⒈ˢᵗ 분모와 분자에 $2-3i$를 곱하여 분모의 실수화를 하면

$$\frac{2-3i}{2+3i}=\frac{(2-3i)^2}{2^2+3^2}=\frac{(4-9)-2\times2\times3i}{13}$$

$$=\frac{-5-12i}{13}=-\frac{5}{13}-\frac{12}{13}i$$

(4) ⒈ˢᵗ 분모와 분자에 $1-2i$를 곱하여 분모의 실수화를 하면

$$\frac{3+4i}{1+2i}=\frac{(3+4i)(1-2i)}{(1+2i)(1-2i)}=\frac{(3+8)+(-6+4)i}{1+4}$$

$$=\frac{11-2i}{5}=\frac{11}{5}-\frac{2}{5}i$$

정답　(1) $\dfrac{4}{5}+\dfrac{7}{5}i$　　(2) $\dfrac{23}{41}+\dfrac{2}{41}i$　　(3) $-\dfrac{5}{13}-\dfrac{12}{13}i$　　(4) $\dfrac{11}{5}-\dfrac{2}{5}i$

MEMO

4 복소수가 서로 같을 조건

첫째, 실수부분과 허수부분으로 정리한다.

둘째, 실수부분끼리, 허수부분끼리 같음을 이용한다.

→ a, b, c, d가 실수일 때

(1) $a+bi=0 \Leftrightarrow a=0,\ b=0$

(2) $a+bi=c+di \Leftrightarrow a=c,\ b=d$

강의 ***i가 보이고 실수 조건이 있는 경우***

→ 복소수가 서로 같을 조건을 이용한다. (100%)

→ i+실수: 복소수가 서로 같을 조건 이용(100%)

① $a+bi=0+0i$

② $a+bi=c+di$

기|본|예|제 **16**

등식 $(a+i)(2+3i)=3+bi$를 만족하는 실수 a, b에 대하여 $a+b$의 값을 구하시오.

탐구 ① 문제에서 i가 보이고 실수 조건이 있으면 100% 복소수가 서로 같을 조건을 이용한다!

→ ( )+( )i꼴로 정리

② 문제에서 $\sqrt{}$가 보이고 유리수 조건이 있으면 100% 무리수가 서로 같을 조건을 이용한다!

→ ( )+( )$\sqrt{m}$꼴로 정리

풀이 **1st** 주어진 등식의 좌변을 전개하여 실수부분과 허수부분으로 정리하면

$(2a-3)+(3a+2)i=3+bi$

2nd 복소수가 서로 같을 조건을 이용하여 a, b의 값을 구하면

$2a-3=3,\ 3a+2=b$

$\therefore\ a=3,\ b=11$

3rd $a+b$의 값을 구하면

$a+b=14$

✔ 정답 14

복소수 z와 그 켤레복소수 $\bar{z}$에 대하여 다음 등식이 성립할 때, 복소수 z를 구하시오.

(1) $(1+i)z+2i\bar{z}=1+7i$ 　　　　　　(2) $z+\bar{z}=4$이고 $iz-i\bar{z}=6$

탐구　　$z=a+bi$, $\bar{z}=a-bi$라 놓고 복소수가 서로 같을 조건을 이용한다.

풀이　(1) **1st** $z=a+bi$, $\bar{z}=a-bi$라 놓고 등식에 대입하여 정리하면

$$(1+i)(a+bi)+2i(a-bi)=1+7i$$
$$(a-b)+(b+a)i+2ai+2b=1+7i$$
$$(a+b)+(3a+b)i=1+7i$$

2nd 복소수가 서로 같을 조건을 이용하면

$$a+b=1, \qquad 3a+b=7$$

3rd 두 식을 연립하여 a, b를 구하면

$$a=3, \ b=-2$$

4th a, b의 값을 이용하여 z를 구하면

$$z=3-2i$$

(2) **1st** $z=a+bi$, $\bar{z}=a-bi$라 놓고 등식에 대입하여 정리하면

$$z+\bar{z}=a+bi+a-bi=2a=4$$
$$\therefore \ a=2$$
$$iz-i\bar{z}=i(a+bi)-i(a-bi)$$
$$=ai-b-ai-b=-2b=6$$
$$\therefore \ b=-3$$

2nd a, b의 값을 이용하여 z를 구하면

$$z=2-3i$$

정답　(1) $3-2i$　　(2) $2-3i$

MEMO

03 제곱근의 계산

1 허수단위 i의 4주기 변화

→ n이 음이 아닌 정수일 때

(1) $i^{4n+0} = i^0 = 1$

(2) $i^{4n+1} = i^1 = i$

(3) $i^{4n+2} = i^2 = -1$

(4) $i^{4n+3} = i^3 = -i$

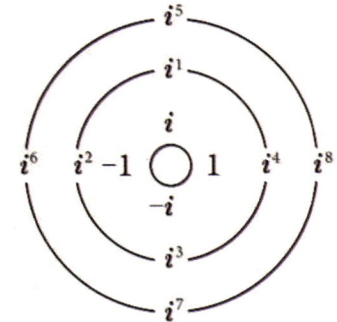

강의 i의 거듭제곱

→ i가 4주기 변화하므로 지수를 4로 나눈 나머지를 이용한다!

→ 지수 $\div 4$ → 나머지 r

→ $i^{4n+r} = i^r$

보기 $i^{2023} = i^{4 \times 505 + 3} = i^3 = -i$

주의 i는 4주기 변화하므로 지수가 연속된 4개의 항의 합은 0이다.

기|본|예|제 18

다음을 간단히 하시오.

(1) $i + i^2 + i^3 + i^4 + i^5 + i^6 + i^7 + i^8$

(2) $i^{1012} \times i^{1000}$

탐구 ① $i + i^2 + i^3 + i^4 = 0$ ② $i^{4n+r} = i^r$

풀이 (1) **1st** $i + i^2 + i^3 + i^4 = 0$임을 이용하여 준식을 간단히 하면

$$(준식) = (i + i^2 + i^3 + i^4) + i^4(i + i^2 + i^3 + i^4) = 0$$

(2) **1st** i의 4주기 변화를 이용하여 준식을 간단히 하면

$$(준식) = i^{1012 + 1000} = i^{2012}$$

$$= i^{4 \times 503} = 1$$

✔ 정답 (1) 0 (2) 1

다음을 계산하시오.

(1) $\dfrac{1+i}{1-i}$ (2) $\left(\dfrac{1+i}{1-i}\right)^{2025}$

탐구 $\left(\dfrac{1+i}{1-i}\right)^{2025} \rightarrow \dfrac{1+i}{1-i}$ 를 분모 실수화 $\rightarrow i$의 4주기 변화 이용!

풀이 **1st** 분모와 분자에 $1+i$를 곱하여 분모의 실수화를 하면

(1) (준식) $= \dfrac{(1+i)^2}{(1-i)(1+i)}$

$= \dfrac{1-1+2i}{1+1} = \dfrac{2i}{2} = i$

2nd i의 4주기 변화를 이용하여 준식을 간단히 하면

(2) (준식) $= i^{2025} = i^{4 \times 506 + 1} = i$

정답 (1) i (2) i

자연수 n에 대하여 $\left(\dfrac{\sqrt{2}}{1+i}\right)^n = 1$을 만족하는 n의 최솟값을 구하시오.

탐구 $\left(\dfrac{\sqrt{2}}{1+i}\right)^n \rightarrow \left(\dfrac{\sqrt{2}}{1+i}\right)^2 = -i$

풀이 **1st** 지수를 모르므로 밑을 제곱하여 간단히 하면

$\left(\dfrac{\sqrt{2}}{1+i}\right)^2 = \dfrac{2}{2i} = \dfrac{1}{i} = -i$

$\left(\dfrac{\sqrt{2}}{1+i}\right)^4 = (-i)^2 = -1$

$\left(\dfrac{\sqrt{2}}{1+i}\right)^8 = (-1)^2 = 1$

따라서 조건을 만족하는 n의 최솟값은 8이다.

정답 8

2 제곱근의 뜻

[1] a의 제곱근 (단, $a \geq 0$)

→ 제곱하여 a가 되는 수를 a의 **제곱근**이라 한다.

→ $x^2 = a$를 만족시키는 x

→ $x = \pm\sqrt{a}$ $\begin{cases} \sqrt{a} : x\text{의 양의 제곱근} \\ -\sqrt{a} : x\text{의 음의 제곱근} \end{cases}$

> **체크** 0의 제곱근은 0이다.

[2] 제곱근 a (단, $a \geq 0$)

→ root a → $\sqrt{a}$

강의 $\sqrt{A}$가 실수일 조건

→ $\sqrt{}$ 안 ≥ 0이므로 $A \geq 0$이어야 한다!

→ $\sqrt{A}$가 실수 → $A \geq 0$

기|본|예|제 21

$P = \sqrt{3-2a}$가 실수가 되기 위한 상수 a의 값의 범위를 구하시오.

탐구 $\sqrt{A}$가 실수 → $A \geq 0$

풀이 **(1st)** P가 실수가 되려면 $\sqrt{}$ 안 ≥ 0이어야 하므로

$$3 - 2a \geq 0 \qquad -2a \geq -3$$

$$\therefore a \leq \frac{3}{2}$$

정답 $a \leq \dfrac{3}{2}$

---

a의 **계곱근**

→ 제곱하여 a가 되는 수이다!

① a의 계곱근 $\Leftrightarrow x^2 = a \Leftrightarrow x = \pm\sqrt{a}$ $\begin{cases} +\sqrt{a} \rightarrow \text{양의 제곱근} \\ -\sqrt{a} \rightarrow \text{음의 제곱근} \end{cases}$

② 계곱근 $a \Leftrightarrow \text{root } a \Leftrightarrow \sqrt{a}$

기 | 본 | 예 | 제 22

다음 수의 제곱근을 구하시오.

(1) 10　　　(2) $\sqrt{64}$　　　(3) 9　　　(4) 18　　　(5) $\dfrac{9}{4}$　　　(6) 5^2

탐구　a의 제곱근 $x \rightarrow x^2 = a \rightarrow x = \pm\sqrt{a}$

풀이　**1st** 구하는 수의 제곱근을 x로 놓고 제곱근을 구하면

(1) 10의 제곱근 $x \rightarrow x^2 = 10$

　　$\therefore x = \pm\sqrt{10}$

(2) $\sqrt{64}$의 제곱근 $x \rightarrow x^2 = \sqrt{64} = 8$

　　$\therefore x = \pm\sqrt{8} = \pm 2\sqrt{2}$

(3) 9의 제곱근 $x \rightarrow x^2 = 9$

　　$\therefore x = \pm 3$

(4) 18의 제곱근 $x \rightarrow x^2 = 18$

　　$\therefore x = \pm\sqrt{18} = \pm 3\sqrt{2}$

(5) $\dfrac{9}{4}$의 제곱근 $x \rightarrow x^2 = \dfrac{9}{4}$

　　$\therefore x = \pm\dfrac{3}{2}$

(6) 5^2의 제곱근 $x \rightarrow x^2 = 5^2 = 25$

　　$\therefore x = \pm 5$

정답　(1) $\pm\sqrt{10}$　(2) $\pm 2\sqrt{2}$　(3) ± 3　(4) $\pm 3\sqrt{2}$　(5) $\pm\dfrac{3}{2}$　(6) ± 5

3 음수의 제곱근

→ $a > 0$일 때

[1] 제곱근 $-a$

→ $\sqrt{-a} = \sqrt{a}\,i$

[2] $-a$의 제곱근

→ $\pm\sqrt{a}\,i$

강의 음수의 계곱근

→ 계곱하여 음수가 되는 수를 의미한다!

→ $a > 0$일 때

① 계곱근 $-a$ → $\sqrt{-a} = \sqrt{a}\,i$

② $-a$의 계곱근 → $x^2 = -a$ → $x = \pm\sqrt{a}\,i$

기|본|예|제 23

다음을 허수단위 i를 사용하여 나타내시오.

(1) $\sqrt{-16}$ (2) $-\sqrt{-8}$ (3) $3\sqrt{-2}$

(4) 제곱근 -12 (5) 제곱근 -25

탐구 $a > 0$일 때, $\sqrt{-a} = \sqrt{a}\,i$

풀이 **1st** 허수단위 i를 사용하여 나타내면

(1) $\sqrt{-16} = \sqrt{16}\,i = 4i$

(2) $-\sqrt{-8} = -\sqrt{8}\,i = -2\sqrt{2}\,i$

(3) $3\sqrt{-2} = 3\sqrt{2}\,i$

(4) 제곱근 -12는 $\sqrt{-12}$이므로

$$\sqrt{-12} = \sqrt{12}\,i = 2\sqrt{3}\,i$$

(5) 제곱근 -25는 $\sqrt{-25}$이므로

$$\sqrt{-25} = \sqrt{25}\,i = 5i$$

정답 (1) $4i$ (2) $-2\sqrt{2}\,i$ (3) $3\sqrt{2}\,i$ (4) $2\sqrt{3}\,i$ (5) $5i$

[1] $(\sqrt{a})^2$과 $\sqrt{a^2}$

  (1) $a \geq 0$일 때

    ① $(\sqrt{a})^2 = a$ ② $\sqrt{a^2} = |a|$

  (2) $a \leq 0$일 때

    ① $(\sqrt{a})^2 = -a$ ② $\sqrt{a^2} = |a|$

[2] $a\sqrt{b}$와 $\sqrt{a^2 b}$

  (1) $a \geq 0$일 때

    ① $\sqrt{a^2 b} = a\sqrt{b}$ (a^2을 $\sqrt{}$ 밖으로)   ② $a\sqrt{b} = \sqrt{a^2 b}$ (a를 $\sqrt{}$ 안으로)

  (2) $a \leq 0$일 때

    ① $\sqrt{a^2 b} = -a\sqrt{b}$ (a^2을 $\sqrt{}$ 밖으로)   ② $a\sqrt{b} = -\sqrt{a^2 b}$ (a를 $\sqrt{}$ 안으로)

[3] $\sqrt{a}\sqrt{b}$와 $\sqrt{ab}$

  (1) $a \geq 0,\ b \geq 0$일 때 $\sqrt{a}\sqrt{b} = \sqrt{ab}$

  (2) $a \leq 0,\ b \leq 0$일 때 $\sqrt{a}\sqrt{b} = -\sqrt{ab}$

  (3) $a \geq 0,\ b \leq 0$일 때 $\sqrt{a}\sqrt{b} = \sqrt{ab}$

  (4) $a \leq 0,\ b \geq 0$일 때 $\sqrt{a}\sqrt{b} = \sqrt{ab}$

[4] $\dfrac{\sqrt{a}}{\sqrt{b}}$와 $\sqrt{\dfrac{a}{b}}$

  (1) $a \geq 0,\ b > 0$일 때 $\dfrac{\sqrt{a}}{\sqrt{b}} = \sqrt{\dfrac{a}{b}}$

  (2) $a \leq 0,\ b < 0$일 때 $\dfrac{\sqrt{a}}{\sqrt{b}} = \sqrt{\dfrac{a}{b}}$

  (3) $a \geq 0,\ b < 0$일 때 $\dfrac{\sqrt{a}}{\sqrt{b}} = -\sqrt{\dfrac{a}{b}}$

  (4) $a \leq 0,\ b > 0$일 때 $\dfrac{\sqrt{a}}{\sqrt{b}} = \sqrt{\dfrac{a}{b}}$

강의 $\sqrt{a^2 b}$와 $a\sqrt{b}$

➡ $a \leq 0$일 때만 $-$를 붙인다!

➡ $a \leq 0$일 때만 $\sqrt{a^2 b} = -a\sqrt{b}$

➡ 나머지 경우 → $\sqrt{a^2 b} = a\sqrt{b}$

기 | 본 | 예 | 제 **24**

다음을 계산하시오.

(1) $\sqrt{-2}\,\sqrt{8} + \sqrt{-2}\,\sqrt{-8} + \dfrac{\sqrt{-8}}{\sqrt{-2}} + \dfrac{\sqrt{8}}{\sqrt{-2}}$

(2) $(\sqrt{-3})^2 + \sqrt{-3} \times \sqrt{-27} + \dfrac{\sqrt{-27}}{\sqrt{3}}$

탐구 $\sqrt{-a} = \sqrt{a}\,i$로 바꾸어 계산한다.

풀이 **1st** $\sqrt{-a} = \sqrt{a}\,i$로 바꾸어 계산하면

(1) (준식) $= \sqrt{2}\,i \times 2\sqrt{2} + \sqrt{2}\,i \times 2\sqrt{2}\,i + \dfrac{2\sqrt{2}\,i}{\sqrt{2}\,i} + \dfrac{2\sqrt{2}}{\sqrt{2}\,i}$

$= 4i - 4 + 2 + \dfrac{2}{i} = 4i - 2 - 2i = -2 + 2i$

(2) (준식) $= (\sqrt{3}\,i)^2 + \sqrt{3}\,i \times \sqrt{27}\,i + \dfrac{\sqrt{27}\,i}{\sqrt{3}}$

$= -3 - 9 + 3i = -12 + 3i$

정답 (1) $-2 + 2i$　　(2) $-12 + 3i$

a, b는 실수일 때, 다음을 구하시오.

(1) $\dfrac{\sqrt{a}}{\sqrt{b}} = -\sqrt{\dfrac{a}{b}}$ 일 때, $\sqrt{(a-b)^2} - \sqrt{b^2} + |a|$ 를 간단히 하시오.

(2) $\sqrt{a}\,\sqrt{b} = -\sqrt{ab}$ 일 때, $\sqrt{2a^2} - |b|$ 를 간단히 하시오.

탐구 조건식으로부터 a, b의 부호를 결정하고 계산한다.

     ① $\dfrac{\sqrt{a}}{\sqrt{b}} = -\sqrt{\dfrac{a}{b}} \Leftrightarrow a \geq 0,\ b < 0$

     ② $\sqrt{a}\,\sqrt{b} = -\sqrt{ab} \Leftrightarrow a \leq 0,\ b \leq 0$

풀이 (1) **1st** $\dfrac{\sqrt{a}}{\sqrt{b}} = -\sqrt{\dfrac{a}{b}}$ 이므로 a, b의 부호를 결정하면

       $a \geq 0,\ b < 0$

     2nd 구한 범위에서 준식을 간단히 하면

       (준식) $= |a-b| - |b| + |a| = a - b - (-b) + a = 2a$

     (2) **1st** $\sqrt{a}\,\sqrt{b} = -\sqrt{ab}$ 이므로 a, b의 부호를 결정하면

       $a \leq 0,\ b \leq 0$

     2nd 구한 범위에서 준식을 간단히 하면

       (준식) $= \sqrt{2} \times \sqrt{a^2} - |b| = \sqrt{2}\,|a| - |b| = -\sqrt{2}\,a + b$

정답 (1) $2a$　　　(2) $-\sqrt{2}\,a + b$

실수 x가 $\dfrac{\sqrt{x+2}}{\sqrt{x}} = -\sqrt{\dfrac{x+2}{x}}$ 를 만족시킬 때, $|x| + \sqrt{(x+2)^2}$ 을 간단히 하시오.

탐구 조건식으로부터 a, b의 부호를 결정하고 계산한다.

     → $\dfrac{\sqrt{a}}{\sqrt{b}} = -\sqrt{\dfrac{a}{b}} \Leftrightarrow a \geq 0,\ b < 0$

풀이 **1st** $\dfrac{\sqrt{x+2}}{\sqrt{x}} = -\sqrt{\dfrac{x+2}{x}}$ 이므로 x의 범위를 구하면

     $x + 2 \geq 0,\ x < 0 \quad \therefore\ -2 \leq x < 0$

     2nd 구한 범위에서 준식을 간단히 하면

     (준식) $= |x| + |x+2| = -x + x + 2 = 2$

정답 2

반복 학습 기록란.

가장 좋은 학습 방법은 학교에서나 학원에서나 선생님의 강의를 열심히 듣고 여러 번 반복 학습하는 것입니다.
지금부터 당장 선생님의 강의를 열심히 듣고 반복! 반복하십시오. 그러면 곧 모든 과목에 자신이 생길 것입니다.

회수	시작이 반!			끝을 봐야!			확인
제1회	년	월	일부터	년	월	일까지	
제2회	년	월	일부터	년	월	일까지	
제3회	년	월	일부터	년	월	일까지	
제4회	년	월	일부터	년	월	일까지	
제5회	년	월	일부터	년	월	일까지	
제6회	년	월	일부터	년	월	일까지	
제7회	년	월	일부터	년	월	일까지	
제8회	년	월	일부터	년	월	일까지	
제9회	년	월	일부터	년	월	일까지	
제10회	년	월	일부터	년	월	일까지	

단원 점검문제

아무런 도움 없이 스스로 연습장에 풀어 단원에 대한 성취도를 평가하고 미흡한 점이 있으면 배운 부분을 다시 반복 학습하도록 하자.

▶ 아무런 도움 없이 스스로 연습장에 풀어 단원에 대한 성취도를 평가하고 미흡한 점이 있으면 배운 부분을 다시 반복 학습하도록 하자.

01 다음 복소수의 실수부분과 허수부분을 구하시오.

(1) $2-5i$ (2) $2\sqrt{3}\,i+1$ (3) $3i$ (4) -7

02 다음 중 순허수가 아닌 허수인 것을 모두 고르시오.

① $2+3i$ ② $-3i$ ③ 0 ④ $i-1$ ⑤ $\sqrt{5}\,i$

03 복소수 $z=(1+i)x^2+x-(2+i)$가 0이 아닌 실수일 때, 실수 x의 값을 구하시오.

04 복소수 $z=(i-1)x^2+(4-5i)x-3+6i$가 순허수일 때, 실수 x의 값을 구하시오.

05 복소수 $z=(1+i)x^2-x-i$에 대하여 z^2이 실수가 되게 하는 실수 x의 값을 모두 구하시오.

06 다음 각 복소수의 켤레복소수를 구하시오.(단, $\overline{z}$는 z의 켤레복소수)

(1) $4-2i$ (2) $-7i$ (3) 3

(4) $5i+1$ (5) $\overline{-\sqrt{5}-\sqrt{3}\,i}$

07 다음을 계산하시오.

(1) $(2+3i)+(2-i)$ (2) $(3-i)+(1+2i)$

(3) $(6-3i)-(4-2i)$ (4) $(3+2i)-(-1-i)$

08 다음을 계산하시오.

(1) $(2+i)(1-2i)$ (2) $(3+i)(2-3i)$

09 다음을 계산하시오.

(1) $(2+3i)^2$ (2) $(2-3i)^2$

10 $x=-1+\sqrt{3}\,i$일 때, $2x^3+4x^2+8x+3$의 값을 구하시오.

11 $z=\dfrac{1-\sqrt{3}\,i}{2}$일 때, $z^2+\bar{z}^{\,2}-\dfrac{1}{z}-\dfrac{1}{\bar{z}}$의 값을 구하시오.

12 $a=1-i,\ b=1+i$일 때, $\dfrac{b}{a}+\dfrac{a}{b}$의 값을 구하시오.

13 $\alpha=-2+i,\ \beta=1-2i$일 때, 다음의 값을 구하시오.(단, $\bar{\alpha},\ \bar{\beta}$는 각각 $\alpha,\ \beta$의 켤레복소수)

(1) $\overline{\alpha}^{\,2}+2\overline{\alpha\beta}+\overline{\beta}^{\,2}$ (2) $\overline{\alpha}^{2}+\overline{\beta}^{2}$

(3) $\alpha\overline{\alpha}+\overline{\alpha}\,\beta+\alpha\overline{\beta}+\beta\overline{\beta}$ (4) $\overline{\alpha}^{\,3}+\overline{\beta}^{\,3}$

14 $\dfrac{1}{1-2i}$ 을 계산하시오.

15 다음을 계산하시오.

(1) $\dfrac{3+2i}{2-i}$ (2) $\dfrac{2+3i}{4+5i}$ (3) $\dfrac{2-3i}{2+3i}$ (4) $\dfrac{3+4i}{1+2i}$

16 등식 $(a+i)(2+3i)=3+bi$ 를 만족하는 실수 a, b에 대하여 $a+b$의 값을 구하시오.

17 복소수 z와 그 켤레복소수 $\bar{z}$에 대하여 다음 등식이 성립할 때, 복소수 z를 구하시오.

(1) $(1+i)z+2i\bar{z}=1+7i$ (2) $z+\bar{z}=4$ 이고 $iz-i\bar{z}=6$

18 다음을 간단히 하시오.

(1) $i+i^2+i^3+i^4+i^5+i^6+i^7+i^8$ (2) $i^{1012} \times i^{1000}$

19 다음을 계산하시오.

(1) $\dfrac{1+i}{1-i}$ (2) $\left(\dfrac{1+i}{1-i}\right)^{2025}$

20 자연수 n에 대하여 $\left(\dfrac{\sqrt{2}}{1+i}\right)^n=1$ 을 만족하는 n의 최솟값을 구하시오.

21 $P = \sqrt{3 - 2a}$ 가 실수가 되기 위한 상수 a의 값의 범위를 구하시오.

22   다음 수의 제곱근을 구하시오.

(1) 10   (2) $\sqrt{64}$ (3) 9   (4) 18   (5) $\dfrac{9}{4}$ (6) 5^2

23   다음을 허수단위 i를 사용하여 나타내시오.

(1) $\sqrt{-16}$ (2) $-\sqrt{-8}$ (3) $3\sqrt{-2}$

(4) 제곱근 -12 (5) 제곱근 -25

24   다음을 계산하시오.

(1) $\sqrt{-2}\,\sqrt{8} + \sqrt{-2}\,\sqrt{-8} + \dfrac{\sqrt{-8}}{\sqrt{-2}} + \dfrac{\sqrt{8}}{\sqrt{-2}}$

(2) $\left(\sqrt{-3}\right)^2 + \sqrt{-3} \times \sqrt{-27} + \dfrac{\sqrt{-27}}{\sqrt{3}}$

25 a, b는 실수일 때, 다음을 구하시오.

(1) $\dfrac{\sqrt{a}}{\sqrt{b}} = -\sqrt{\dfrac{a}{b}}$ 일 때, $\sqrt{(a-b)^2} - \sqrt{b^2} + |a|$를 간단히 하시오.

(2) $\sqrt{a}\,\sqrt{b} = -\sqrt{ab}$ 일 때, $\sqrt{2a^2} - |b|$를 간단히 하시오.

26   실수 x가 $\dfrac{\sqrt{x+2}}{\sqrt{x}} = -\sqrt{\dfrac{x+2}{x}}$ 를 만족시킬 때, $|x| + \sqrt{(x+2)^2}$ 을 간단히 하시오.

P A R T

02

이차방정식

1 이차방정식의 해법
2 이차방정식의 근의 판별
3 이차방정식의 근과 계수
4 이차방정식의 켤레근과 공통근
◆ 반복 학습 기록란
◆ 단원 점검문제

명언

추위에 떤 자일수록 태양의 따뜻함을 느낀다.
인생의 고뇌를 맛본 자일수록 생명의 존귀함을 느낀다.
- 호이토 맨 -

01 이차방정식의 해법

1 이차방정식의 기본 해법

[1] 인수분해에 의한 해법

→ 방정식의 근을 구할 때는 가장 먼저 인수분해를 한다.

$$(x-\alpha)(x-\beta)=0 \quad x-\alpha=0 \text{ 또는 } x-\beta=0 \qquad \therefore \ x=\alpha, \ x=\beta$$

[2] 완전제곱식에 의한 해법

→ 일차항의 계수가 짝수일 때는 완전제곱식을 이용하면 편리하다.

$$(x-b)^2=a \quad x-b=\pm\sqrt{a} \qquad \therefore \ x=b\pm\sqrt{a}$$

[3] 근의 공식에 의한 해법

→ 일차항의 계수가 홀수일 때는 근의 공식을 이용하면 편리하다.

(1) $ax^2+bx+c=0 \ (a\neq0)$의 근 $x=\dfrac{-b\pm\sqrt{b^2-4ac}}{2a}$ ⇒ 홀수공식

(2) $ax^2+2b'x+c=0 \ (a\neq0)$의 근 $x=\dfrac{-b'\pm\sqrt{b'^2-ac}}{a}$ ⇒ 짝수공식

유도 양변을 a로 나누어 완전제곱꼴로 고쳐 x를 구하면

$$ax^2+bx+c=0 \ (a\neq0)$$

$$x^2+\frac{b}{a}x+\frac{c}{a}=0$$

$$\left\{x^2+\frac{b}{a}x+\left(\frac{b}{2a}\right)^2\right\}-\left(\frac{b}{2a}\right)^2+\frac{c}{a}=0$$

$$\left(x+\frac{b}{2a}\right)^2=\frac{b^2-4ac}{4a^2}$$

$$x+\frac{b}{2a}=\pm\frac{\sqrt{b^2-4ac}}{2a}$$

$$\therefore \ x=\frac{-b\pm\sqrt{b^2-4ac}}{2a}$$

특히, $ax^2+2b'x+c=0 \ (a\neq0)$의 근은 $b=2b'$일 때이므로

$x=\dfrac{-b\pm\sqrt{b^2-4ac}}{2a}$에 b 대신 $2b'$을 대입하면 된다.

$$\therefore \ x=\frac{-2b'\pm\sqrt{4b'^2-4ac}}{2a}=\frac{-2b'\pm2\sqrt{b'^2-ac}}{2a}=\frac{-b'\pm\sqrt{b'^2-ac}}{a}$$

⋯유도 끝

강의 **이차방정식의 기본 해법**

→ 우선 인수분해하고 완전제곱 또는 근의 공식을 이용한다!

→ ① 인수분해 → ② $\left[\begin{array}{l}\text{완전제곱의 이용}\\\text{근의 공식 이용}\end{array}\right.$ → ③ 특수해

주의 완전제곱으로 변형하는 것이 어려우면 근의 공식을 이용한다!

기 | 본 | 예 | 제 01

다음 이차방정식을 푸시오.

(1) $x^2 - 2x - 3 = 0$ (2) $x^2 - 2x + 3 = 0$ (3) $x^2 + 3x - 2 = 0$

탐구 이차방정식의 해법 → 인수분해, 완전제곱식 이용, 근의 공식

풀이 (1) **1st** 인수분해에 의한 해법을 이용하면

$$x^2 - 2x - 3 = 0 \qquad (x-3)(x+1) = 0$$
$$\therefore \ x = 3 \ \text{또는} \ x = -1$$

(2) **1st** 인수분해가 안되고 x의 계수가 짝수이므로 완전제곱에 의한 해법을 이용하면

$$x^2 - 2x + 3 = 0 \qquad (x-1)^2 + 2 = 0$$
$$(x-1)^2 = -2 \qquad x - 1 = \pm\sqrt{-2}$$
$$\therefore \ x = 1 \pm \sqrt{2}\,i$$

(3) **1st** 인수분해가 안되고 x의 계수가 홀수이므로 근의 공식에 의한 해법을 이용하면

$$x^2 + 3x - 2 = 0$$
$$\therefore \ x = \frac{-3 \pm \sqrt{17}}{2}$$

정답 (1) $x = 3, \ x = -1$ (2) $x = 1 \pm \sqrt{2}\,i$ (3) $x = \dfrac{-3 \pm \sqrt{17}}{2}$

MEMO

→ 이차항의 계수에 문자가 포함되면 계수가 0일 때와 0이 아닐 때로 분리한다.

강의 **문자계수 이차방정식**

→ 경우를 분리하여 계산한다!

→ 경우 분리 $\begin{cases} a \neq 0 \to 2차 \\ a = 0 \to 1차 \end{cases}$

기|본|예|제 02

다음 방정식을 푸시오.

(1) $mx^2 + mx + x + 1 = 0$ 　　　　(2) $ax^2 + 2ax + x + 2 = 0$

탐구 문자계수 방정식은 반드시 계수 $a \neq 0$일 때와 $a = 0$일 때로 경우를 분리한다.

풀이 (1) **1st** $m \neq 0$일 때와 $m = 0$일 때로 분리하면

　　ⅰ) $m \neq 0$일 때, $mx(x+1) + (x+1) = 0$

　　　　$(x+1)(mx+1) = 0$

　　　　$\therefore x = -1,\ x = -\dfrac{1}{m}$

　　ⅱ) $m = 0$일 때, $x + 1 = 0$

　　　　$\therefore x = -1$

(2) **1st** $a \neq 0$일 때와 $a = 0$일 때로 분리하면

　　ⅰ) $a \neq 0$일 때, $ax(x+2) + (x+2) = 0$

　　　　$(x+2)(ax+1) = 0$

　　　　$\therefore x = -2,\ x = -\dfrac{1}{a}$

　　ⅱ) $a = 0$일 때, $x + 2 = 0$

　　　　$\therefore x = -2$

정답 (1) ⅰ) $m \neq 0$일 때, $x = -1,\ x = -\dfrac{1}{m}$　 ⅱ) $m = 0$일 때, $x = -1$

　　　 (2) ⅰ) $a \neq 0$일 때, $x = -2,\ x = -\dfrac{1}{a}$　 ⅱ) $a = 0$일 때, $x = -2$

이차방정식 $kx^2 + (1-k)x - 1 = 0$을 푸시오.

탐구 이차방정식 → 최고차항의 계수 $a \neq 0$

풀이 **1st** 주어진 방정식이 이차방정식이므로

$$k \neq 0$$

2nd 인수분해하여 근을 구하면

$$(kx+1)(x-1) = 0$$

$$\therefore x = -\frac{1}{k} \text{ 또는 } x = 1$$

정답 $x = -\dfrac{1}{k}$ 또는 $x = 1$

---

x에 대한 이차방정식 $ax^2 - (a^2+1)x - (2a+1) = 0$의 한 근이 -1일 때, 실수 a의 값과 다른 한 근을 구하시오.

탐구 ① 이차방정식 → 최고차항의 계수 $a \neq 0$

② 한 근 -1 → 식에 대입하여 계산

풀이 **1st** x에 대한 이차방정식이므로

최고차항의 계수 $a \neq 0$이다.

2nd 한 근이 -1이므로 준식에 대입하여 a의 값을 구하면

$$a + a^2 + 1 - 2a - 1 = 0 \qquad a^2 - a = 0$$

$$a(a-1) = 0 \qquad\qquad \therefore a = 0,\ a = 1$$

$a \neq 0$이므로 구하는 a의 값은 1이다.

3rd $a = 1$을 준식에 대입하여 근을 구하면

$$x^2 - 2x - 3 = 0 \qquad (x-3)(x+1) = 0$$

$$\therefore x = 3,\ x = -1$$

따라서 실수 a의 값은 1, 다른 한 근은 3이다.

정답 $a = 1$, 다른 한 근: 3

3 절댓값을 포함한 이차방정식의 해법

→ 절댓값 안을 0으로 하는 값이 n개이면 구간은 $n+1$개로 분리된다.

첫째, $|\ |$안을 0으로 하는 x값을 기준하여 구간을 나눈다.

둘째, 각 구간에서 절댓값 기호를 없애고 방정식을 푼다.

셋째, 구한 해가 구간에 적합한지를 확인한다.

체크 방정식이 절댓값 $|x-\alpha|$와 $|x-\beta|$를 포함할 때의 구간

첫째, $x-\alpha=0$, $x-\beta=0$에서 $x=\alpha$, $x=\beta(\alpha<\beta)$를 구한다.

둘째, $x=\alpha$, $x=\beta$를 경계로 하여 구간을 나눈다.

① $x<\alpha$: $|\ominus||\ominus|$

② $\alpha \le x<\beta$: $|\oplus||\ominus|$ ⎫ 로 구간 분류

③ $x \ge \beta$: $|\oplus||\oplus|$ ⎭

강의 절댓값을 포함한 이차방정식

→ 공식을 이용하거나 구간을 분리하여 푼다!

→ ① 공식 이용 ⟹ ② 구간 분리

공식 1) $|A|=k$일 때, $A=\pm k$

공식 2) $|A|=|B|$일 때, $A=\pm B$

주의 $|A|=0$ (n개) → 구간 ($n+1$개)

기|본|예|제 05

$x^2-2|x|-3=0$을 푸시오.

탐구 $x^2=|x|^2$이므로 $|x|$에 대한 이차방정식으로 푼다.

풀이   ①st $x^2=|x|^2$이므로 $|x|$에 대한 이차방정식으로 정리하여 풀면

$$|x|^2-2|x|-3=0$$

$$(|x|-3)(|x|+1)=0$$

$$\therefore\ |x|=3 \text{ 또는 } |x|=-1\,(\text{모순})$$

$$\therefore\ x=\pm3$$

정답 $x=\pm3$

다음 방정식을 푸시오.

(1) $(x+2)|x-2|=3x$

(2) $x^2+|x|=\sqrt{(x+1)^2}+3$

탐구 절댓값 안이 0이 되는 x의 값을 구해 구간을 분리하여 푼다.

풀이 (1) **1st** 절댓값 안이 0이 되는 $x=2$를 기준으로 구간을 분리하여 풀면

i) $x \geq 2$일 때, $(x+2)(x-2)=3x$

$$x^2-3x-4=0$$

$$(x+1)(x-4)=0 \quad \therefore \ x=-1, \ x=4$$

$x \geq 2$이므로 $x=4$

ii) $x < 2$일 때, $-(x+2)(x-2)=3x$

$$x^2+3x-4=0$$

$$(x-1)(x+4)=0 \quad \therefore \ x=1, \ x=-4$$

$x < 2$이므로 $x=1, \ x=-4$

2nd i), ii)에서 해를 구하면

$$x=1, \ x=\pm 4$$

(2) **1st** 준식을 다시 정리하면

$$x^2+|x|=|x+1|+3$$

2nd 절댓값 안이 0이 되는 x의 값을 구하면

$$x=-1, \ x=0$$이다.

3rd 구간을 분리하여 방정식을 풀면

i) $x < -1$일 때, $x^2-x=-(x+1)+3$

$$x^2=2 \quad \therefore \ x=\pm \sqrt{2}$$

$x < -1$이므로 $x=-\sqrt{2}$

ii) $-1 \leq x < 0$일 때, $x^2-x=x+1+3$

$$x^2-2x-4=0 \quad \therefore \ x=1\pm \sqrt{5}$$

$-1 \leq x < 0$이므로 해는 없다.

iii) $x \geq 0$일 때, $x^2+x=x+1+3$

$$x^2=4 \quad \therefore \ x=\pm 2$$

$x \geq 0$이므로 $x=2$

4th i), ii), iii)에서 해를 구하면

$$x=-\sqrt{2}, \ x=2$$

정답 (1) $x=1, \ x=\pm 4$　　(2) $x=-\sqrt{2}, \ x=2$

4 무리수 계수를 포함한 이차방정식

[1] 유리수해 → 무리수가 서로 같을 조건을 이용한다.

[2] 실수해 → x^2의 계수를 유리화하고 방정식을 푼다.

강의 **무리수 계수 방정식**

→ 유리수 조건이 있으면 무리수가 서로 같을 조건을 이용한다! (100%)

→ ⎡ $\sqrt{}$ + 유리수 조건 有 → 무리수가 서로 같을 조건 이용
　⎣ $\sqrt{}$ + 유리수 조건 無 → 이차 계수의 유리화 이용

有(있을 유)　無(없을 무)

기 | 본 | 예 | 제 **07**

$(2+\sqrt{3})x^2+(1+\sqrt{3})x-2(5+3\sqrt{3})=0$의 유리근을 구하시오.

탐구 $\sqrt{}$, 유리근 → 무리수가 서로 같을 조건 이용!

풀이 **1st** 준식을 전개하여 정리하면

$$2x^2+\sqrt{3}x^2+x+\sqrt{3}x-10-6\sqrt{3}=0$$
$$(2x^2+x-10)+(x^2+x-6)\sqrt{3}=0$$

2nd 유리수 조건이 있으므로 무리수가 서로 같을 조건을 이용하면

$$2x^2+x-10=0 \text{이고 } x^2+x-6=0$$
$$(x-2)(2x+5)=0 \text{이고 } (x+3)(x-2)=0$$
$$\therefore x=2,\ x=-\frac{5}{2} \text{이고 } x=-3,\ x=2$$

3rd 두 식을 동시에 만족하는 x의 값을 구하면

$$x=2$$

✓ 정답 $x=2$

MEMO

이차방정식 $(\sqrt{2}-1)x^2-(3-\sqrt{2})x+\sqrt{2}=0$의 두 근을 α, β라 할 때, $|\alpha-\beta|$의 값을 구하시오.

탐구 무리수 계수 방정식 $\oplus$ 유리수 조건 無 $\rightarrow$ 유리화!

풀이 **1st** 유리수 조건이 없으므로 양변에 $(\sqrt{2}+1)$을 곱하여 x^2의 계수를 유리화하면

$$(\sqrt{2}-1)(\sqrt{2}+1)x^2-(3-\sqrt{2})(\sqrt{2}+1)x+\sqrt{2}(\sqrt{2}+1)=0$$
$$x^2-(2\sqrt{2}+1)x+\sqrt{2}(\sqrt{2}+1)=0$$

2nd 이차방정식을 인수분해하여 x의 값을 구하면

$$(x-\sqrt{2})\{x-(\sqrt{2}+1)\}=0$$
$$\therefore\ x=\sqrt{2},\ x=\sqrt{2}+1$$

3rd $|\alpha-\beta|$의 값을 구하면

$$|\alpha-\beta|=\left|\sqrt{2}-(\sqrt{2}+1)\right|=1$$

정답 1

이차방정식 $(\sqrt{2}+1)x^2-(2\sqrt{2}+1)x-2=0$을 푸시오.

탐구 무리수 계수 방정식 $\oplus$ 유리수 조건 無 $\rightarrow$ 유리화!

풀이 **1st** 유리수 조건이 없으므로 양변에 $(\sqrt{2}-1)$을 곱하여 x^2의 계수를 유리화하면

$$(\sqrt{2}-1)(\sqrt{2}+1)x^2-(\sqrt{2}-1)(2\sqrt{2}+1)x-2(\sqrt{2}-1)=0$$
$$x^2+(\sqrt{2}-3)x-2(\sqrt{2}-1)=0$$

2nd 이차방정식을 인수분해하여 x의 값을 구하면

$$(x-2)(x+\sqrt{2}-1)=0$$
$$\therefore\ x=2,\ x=-\sqrt{2}+1$$

정답 $x=2$ 또는 $x=-\sqrt{2}+1$

✎MEMO

[1] **실수해** → 복소수가 서로 같을 조건을 이용한다.

[2] **복소수해** → x^2의 계수를 실수화하고 방정식을 푼다.

강의 **허수 계수 방정식**

➔ 실수 조건이 있으면 복소수가 서로 같을 조건을 이용한다!

➔ $\begin{bmatrix} i + \text{실수 조건 } 有 \rightarrow \text{복소수가 서로 같을 조건 이용} \\ i + \text{실수 조건 } 無 \rightarrow \text{이차 계수의 실수화 이용} \end{bmatrix}$

有(있을 유)   無(없을 무)

기|본|예|제 10

이차방정식 $(1+2i)x^2-(1-3i)x-5i=0$의 실근을 구하시오. (단, $i=\sqrt{-1}$)

탐구 $i+$실근 → 복소수가 서로 같을 조건 이용!

풀이 **1st** 준식을 전개하여 정리하면

$$x^2+2x^2i-x+3xi-5i=0$$

$$(x^2-x)+(2x^2+3x-5)i=0$$

2nd 실수 조건이 있으므로 복소수가 서로 같을 조건을 이용하면

$x^2-x=0$이고 $2x^2+3x-5=0$

$x(x-1)=0$이고 $(x-1)(2x+5)=0$

$\therefore\ x=0,\ x=1$이고 $x=1,\ x=-\dfrac{5}{2}$

3rd 두 식을 동시에 만족하는 x의 값을 구하면

$$x=1$$

정답 $x=1$

MEMO

이차방정식 $ix^2 - x + 2i = 0$의 두 근을 α, β라 할 때, $\alpha^2 + \beta^2$의 값을 구하시오.

탐구 x^2의 계수를 실수화한 후에 복소수 범위까지 인수분해하여 푼다.

풀이   (1st) 실수 조건이 없으므로 양변에 i를 곱하여 x^2의 계수를 실수화하면

$$i^2 x^2 - ix + 2i^2 = 0$$

$$-x^2 - ix - 2 = 0$$

$$x^2 + ix + 2 = 0$$

(2nd) 이차방정식을 인수분해하여 x의 값을 구하면

$$x^2 + ix + 2i \times (-i) = 0$$

$$(x + 2i)(x - i) = 0$$

$$\therefore\ x = -2i,\ x = i$$

(3rd) $\alpha = -2i$, $\beta = i$라 하고 $\alpha^2 + \beta^2$을 구하면

$$\alpha^2 + \beta^2 = (-2i)^2 + i^2$$

$$= -4 - 1 = -5$$

정답 -5

이차방정식 $(1-i)x^2 + 2ix - 4i = 0$을 푸시오.

탐구 x^2의 계수를 실수화한 후에 복소수 범위까지 인수분해하여 푼다.

풀이   (1st) 실수 조건이 없으므로 양변에 $1+i$를 곱하여 x^2의 계수를 실수화하면

$$(1+i)(1-i)x^2 + 2i(1+i)x - 4i(1+i) = 0$$

$$2x^2 + (2i-2)x - 4i(1+i) = 0$$

$$x^2 + (i-1)x - 2i(1+i) = 0$$

(2nd) 이차방정식을 인수분해하여 x의 값을 구하면

$$(x + 2i)\{x - (1+i)\} = 0$$

$$\therefore\ x = -2i,\ x = 1 + i$$

정답 $x = -2i$ 또는 $x = 1 + i$

02 이차방정식의 근의 판별

1 이차방정식의 판별식

→ $ax^2 + bx + c = 0$ (a, b, c는 실수, $a \neq 0$)의 근의 공식 $x = \dfrac{-b \pm \sqrt{b^2 - 4ac}}{2a}$ 에서

$\sqrt{}$ 속 $D = b^2 - 4ac$를 **판별식**이라 한다.

(1) $D > 0 \Leftrightarrow$ 서로 다른 두 실근

(2) $D = 0 \Leftrightarrow$ 서로 같은 두 실근(중근)

(3) $D < 0 \Leftrightarrow$ 서로 다른 두 허근

체크 $ax^2 + 2b'x + c = 0$ (a, b', c는 실수, $a \neq 0$)의 판별식

$x = \dfrac{-2b' \pm \sqrt{4b'^2 - 4ac}}{2a}$ → $D = 4b'^2 - 4ac$

$x = \dfrac{-b' \pm \sqrt{b'^2 - ac}}{a}$ → $D/4 = b'^2 - ac$

강의 판별식의 정체

→ 근의 공식에서 $\sqrt{}$ 속의 식이다!

① $ax^2 + bx + c = 0$

→ 근의 공식 $x = \dfrac{-b \pm \sqrt{b^2 - 4ac}}{2a}$ 의 $\sqrt{}$ 속: $D = b^2 - 4ac$

② $ax^2 + 2b'x + c = 0$

→ 근의 공식 $x = \dfrac{-b' \pm \sqrt{b'^2 - ac}}{a}$ 의 $\sqrt{}$ 속: $D/4 = b'^2 - ac$

강의 판별식의 의미

→ 부호를 보고 판단한다!

① $D > 0 \Leftrightarrow$ 서로 다른 두 실근

② $D = 0 \Leftrightarrow$ 서로 같은 두 실근(중근)

③ $D < 0 \Leftrightarrow$ 서로 다른 두 허근

x에 대한 이차방정식 $x^2 + 2(1-k)x + (k^2+5) = 0$이 서로 다른 두 실근을 갖게 하는 k의 값의 범위를 구하시오.

탐구 이차방정식의 판별식 $D = b^2 - 4ac > 0$ → 서로 다른 두 실근

풀이 (1st) 주어진 이차방정식의 판별식을 구하면

$$D/4 = (1-k)^2 - (k^2+5)$$
$$= 1 - 2k + k^2 - k^2 - 5$$
$$= -2k - 4$$

(2nd) 이차방정식이 서로 다른 두 실근을 가지므로

$$D/4 = -2k - 4 > 0$$
$$\therefore \ k < -2$$

✔정답 $k < -2$

---

x에 대한 이차방정식 $x^2 - 2(k-a)x + k^2 + a^2 - b + 1 = 0$이 실수 k의 값에 관계없이 중근을 가질 때, 상수 a, b의 값을 구하시오.

탐구 ① 중근 → $D = 0$　　② k의 값에 관계없이 → k에 대한 항등식

풀이 (1st) 주어진 이차방정식이 중근을 가지므로 판별식을 구하면

$$D/4 = (k-a)^2 - (k^2 + a^2 - b + 1) = 0$$

(2nd) 판별식을 k에 대하여 정리하면

$$D/4 = k^2 - 2ak + a^2 - k^2 - a^2 + b - 1$$
$$= -2ak + b - 1 = 0$$

(3rd) k에 대한 항등식이므로 계수비교법을 이용하여 a, b의 값을 구하면

$$-2a = 0, \ b - 1 = 0$$
$$\therefore \ a = 0, \ b = 1$$

✔정답 $a = 0, \ b = 1$

기|본|예|제 15

x에 대한 이차식 $x^2 - ax + a - 1$이 완전제곱식이 될 때, 실수 a의 값을 구하시오.

탐구   완전제곱식 → 중근 → $D = 0$

풀이   (1st) 주어진 이차식이 완전제곱식이 되려면 이차방정식 $x^2 - ax + a - 1 = 0$의 판별식이

0이어야 하므로

$$D = a^2 - 4(a - 1) = a^2 - 4a + 4$$
$$= (a - 2)^2 = 0$$
$$\therefore \ a = 2$$

정답   2

기|본|예|제 16

x에 대한 이차식 $x^2 + (k - 1)x - 2k - 1$이 완전제곱식이 될 때, 실수 k의 값과 (이차식)$= 0$의 근을 구하시오.

탐구   완전제곱식 → 중근 → $D = 0$

풀이   (1st) 주어진 이차식이 완전제곱식이 되려면 이차방정식 $x^2 + (k - 1)x - 2k - 1 = 0$의

판별식이 0이어야 하므로

$$D = (k - 1)^2 - 4(-2k - 1) = k^2 - 2k + 1 + 8k + 4$$
$$= k^2 + 6k + 5 = 0$$
$$(k + 5)(k + 1) = 0$$
$$\therefore \ k = -5 \ 또는 \ k = -1$$

(2nd) 구한 각 k에 대하여 (이차식)$= 0$의 근을 구하면

i) $k = -5$일 때, $x^2 - 6x + 9 = 0$

$$(x - 3)^2 = 0 \qquad \therefore \ x = 3$$

ii) $k = -1$일 때, $x^2 - 2x + 1 = 0$

$$(x - 1)^2 = 0 \qquad \therefore \ x = 1$$

정답   i) $k = -5$일 때, $x = 3$ ii) $k = -1$일 때, $x = 1$

→ $ax^2 + bx + c = 0$에서 판별식 D를 사용하려면

(1) 이차방정식이어야 한다. $(a \neq 0)$

(2) 실수 계수이어야 한다. $(a, b, c$는 실수$)$ (단, 중근은 실수 계수가 아니라도 사용 가능)

강의 **판별식 D의 사용조건**

→ 실수 계수 이차방정식일 때만 사용 가능하다!

① 이차 → $a \neq 0$

② 실수 계수 → $\sqrt{D} = $ 허수 $(\times)$

주의 예외 : 중근 → 허수 계수 가능 → $\sqrt{D} = 0$ $(\bigcirc)$

주의 실수 체계와 복소수 체계

$$\begin{bmatrix} \text{실수 체계} \to \sqrt{()} \geq 0 \to \sqrt{\text{음수}} \ (\times) \\ \text{복소수 체계} \to \sqrt{()} \gtreqless 0 \to \sqrt{\text{허수}} \ (\times) \end{bmatrix}$$

기 | 본 | 예 | 제 17

이차방정식 $x^2 - (a+i)x + 2 + bi = 0$이 중근을 가질 때, 실수 a, b의 값을 구하시오.

탐구 실수 계수가 아니라도 중근의 경우 판별식 사용 가능!

풀이 **1st** 실수 계수가 아니라도 중근의 경우에는 판별식 사용이 가능하므로

$$D = (a+i)^2 - 4(2+bi) = a^2 + 2ai - 1 - 8 - 4bi$$
$$= a^2 - 9 + 2(a - 2b)i = 0$$

2nd 실수 조건이 있으므로 복소수가 서로 같은 조건을 이용하면

$a^2 - 9 = 0$이고 $2(a - 2b) = 0$

3rd $a^2 - 9 = 0$에서 $a = \pm 3$이므로 각각의 경우에 b의 값을 구하면

ⅰ) $a = 3$이면 $3 - 2b = 0$이므로 $b = \dfrac{3}{2}$

ⅱ) $a = -3$이면 $-3 - 2b = 0$이므로 $b = -\dfrac{3}{2}$

정답 $a = 3$, $b = \dfrac{3}{2}$ 또는 $a = -3$, $b = -\dfrac{3}{2}$

03 이차방정식의 근과 계수

1 이차방정식의 근과 계수의 관계

→ $ax^2 + bx + c = 0 \, (a \neq 0)$의 두 근을 α, β라 하면

(1) $\alpha + \beta = -\dfrac{b}{a}$

(2) $\alpha\beta = \dfrac{c}{a}$

(3) $|\alpha - \beta| = \dfrac{\sqrt{b^2 - 4ac}}{|a|}$ (짝수공식 불가)

유도 $(\alpha - \beta)^2 = (\alpha + \beta)^2 - 4\alpha\beta$

$$|\alpha - \beta| = \sqrt{(\alpha + \beta)^2 - 4\alpha\beta}$$

$$= \sqrt{\left(-\dfrac{b}{a}\right)^2 - \dfrac{4c}{a}} = \dfrac{\sqrt{b^2 - 4ac}}{|a|} \qquad \cdots \text{유도 끝}$$

체크 $ax^2 + 2b'x + c = 0 \, (a \neq 0)$에서

$$|\alpha - \beta| = \dfrac{\sqrt{b'^2 - ac}}{|a|} \text{는 잘못된 식이고,}$$

반드시 $|\alpha - \beta| = \dfrac{\sqrt{(2b')^2 - 4ac}}{|a|}$로 해야만 한다.

체크 근과 계수의 관계는 계수 a, b, c의 실수, 허수 조건에 관계없이 항상 성립한다.

◢ MEMO

두 근의 합과 곱과 차

→ 두 근이 주어지면 근과 계수의 관계를 이용한다! (100%)

→ $ax^2+bx+c=0 \ (a \neq 0) \ \rightarrow$ 두 근 α, β

① 합 $\alpha+\beta=-\dfrac{b}{a}$

② 곱 $\alpha\beta=\dfrac{c}{a}$

③ 차 $|\alpha-\beta|=\dfrac{\sqrt{D}}{|a|}$ ($\dfrac{D}{4}$ 불가)

주의 $\alpha=\dfrac{-b+\sqrt{b^2-4ac}}{2a}, \ \beta=\dfrac{-b-\sqrt{b^2-4ac}}{2a}$ 일 때

→ $|\alpha-\beta|=\left| \dfrac{-b+\sqrt{b^2-4ac}}{2a}-\dfrac{-b-\sqrt{b^2-4ac}}{2a} \right|$

$=\dfrac{\sqrt{D}}{|a|}$

기|본|예|제 18

$x^2+3x+1=0$의 두 근을 α, β라 할 때, 다음 식의 값을 구하시오.

(1) $\alpha^2+\beta^2$ (2) $\alpha^3+\beta^3$ (3) $\alpha-\beta$

탐구 두 근 → 근과 계수의 관계

풀이 **1st** 두 근이 주어졌으므로 근과 계수의 관계에 의해 $\alpha+\beta$, $\alpha\beta$를 구하면

$\alpha+\beta=-3, \ \alpha\beta=1$

2nd 구한 값을 이용할 수 있도록 준식을 변형하여 식의 값을 구하면

(1) $\alpha^2+\beta^2=(\alpha+\beta)^2-2\alpha\beta$

$=(-3)^2-2\times1=9-2=7$

(2) $\alpha^3+\beta^3=(\alpha+\beta)^3-3\alpha\beta(\alpha+\beta)$

$=(-3)^3-3\times1\times(-3)=-18$

(3) $(\alpha-\beta)^2=(\alpha+\beta)^2-4\alpha\beta$

$=(-3)^2-4\times1=5$

$\therefore \ \alpha-\beta=\pm\sqrt{5}$

정답 (1) 7   (2) -18 (3) $\pm\sqrt{5}$

기|본|예|제 19

이차방정식 $x^2 + ax + b = 0$의 두 근이 1, -2일 때, 이차방정식 $2x^2 + (a+b)x + b = 0$의 두 근의 합을 구하시오. (단, a, b는 실수)

[탐구] 두 근 → 근과 계수의 관계 이용

[풀이] (1st) 이차방정식 $x^2 + ax + b = 0$의 두 근이 1, -2이므로 근과 계수의 관계를 이용하여 a, b의 값을 구하면

두 근의 합: $1 + (-2) = -a$ $\therefore$ $a = 1$

두 근의 곱: $1 \times (-2) = b$ $\therefore$ $b = -2$

(2nd) 이차방정식 $2x^2 + (a+b)x + b = 0$의 두 근의 합을 구하면

$$-\frac{a+b}{2} = -\frac{1 + (-2)}{2} = \frac{1}{2}$$

[정답] $\dfrac{1}{2}$

기|본|예|제 20

이차방정식 $x^2 + px + q = 0$의 두 근을 α, β라 할 때, 이차방정식 $x^2 - px + 2q = 0$의 두 근은 $\alpha - 1$, $\beta - 1$이다. 이때 실수 p, q의 값을 구하시오.

[탐구] 두 근 → 근과 계수의 관계 이용

[풀이] (1st) 이차방정식 $x^2 + px + q = 0$의 두 근은 α, β이므로 근과 계수의 관계에 의해

$\alpha + \beta = -p$, $\alpha\beta = q$ ······ ①

(2nd) 이차방정식 $x^2 - px + 2q = 0$의 두 근은 $\alpha - 1$, $\beta - 1$이므로

두 근의 합: $\alpha - 1 + \beta - 1 = p$에서

$\alpha + \beta - 2 = p$ ······ ②

두 근의 곱: $(\alpha - 1)(\beta - 1) = 2q$에서

$\alpha\beta - (\alpha + \beta) + 1 = 2q$ ······ ③

(3rd) ②, ③에 ①을 대입하여 p, q의 값을 구하면

$-p - 2 = p$ $\therefore$ $p = -1$

$q + p + 1 = 2q$ $q = p + 1$ $\therefore$ $q = 0$

[정답] $p = -1$, $q = 0$

두 근의 조건이 주어진 이차방정식 문제

→ 두 근을 정하고 합과 곱을 이용한다!

첫째, 조건 이용 → 두 근 설정

둘째, 합·곱 이용 → $\alpha + \beta = -\dfrac{b}{a}$, $\alpha\beta = \dfrac{c}{a}$

기 | 본 | 예 | 제 21

이차방정식 $(m-1)x^2 - (m+3)x + 6 = 0$의 한 근이 다른 한 근보다 1 크다고 할 때, 실수 m의 값을 구하시오.

탐구

① 이차방정식 → $m - 1 \neq 0$

② 한 근이 다른 한 근보다 1 크다. → 두 근 α, $\alpha + 1$ 이용

풀이

1st 이차방정식은 최고차항의 계수 $m - 1 \neq 0$이므로

$m \neq 1$

2nd 한 근이 다른 한 근보다 1 크므로 두 근을 α, $\alpha + 1$이라 하면

두 근의 합: $\alpha + \alpha + 1 = \dfrac{m+3}{m-1}$　$\therefore 2\alpha + 1 = \dfrac{m+3}{m-1}$　$\cdots\cdots$ ①

두 근의 곱: $\alpha(\alpha + 1) = \dfrac{6}{m-1}$　$\therefore \alpha^2 + \alpha = \dfrac{6}{m-1}$　$\cdots\cdots$ ②

3rd ①에서 α를 구하면

$2\alpha = \dfrac{m+3}{m-1} - 1 = \dfrac{m+3-m+1}{m-1} = \dfrac{4}{m-1}$

$\therefore \alpha = \dfrac{2}{m-1}$　$\cdots\cdots$ ③

4th ③을 ②에 대입하면

$\left(\dfrac{2}{m-1}\right)^2 + \dfrac{2}{m-1} = \dfrac{6}{m-1}$

5th $m \neq 1$이므로 양변에 $(m-1)^2$을 곱하고 m의 값을 구하면

$4 + 2(m-1) = 6(m-1)$　　$4 + 2m - 2 = 6m - 6$

$-4m = -8$

$\therefore m = 2$

정답 2

x에 대한 이차방정식 $(m^2+1)x^2-4mx+2=0$이 양의 두 근을 가지며 한 근은 다른 한 근의 3배와 같다고 할 때, 실수 m의 값을 구하시오.

> **탐구** 한 근이 다른 한 근의 m배 → 두 근 α, $m\alpha$

> **풀이** **1st** 한 근이 다른 한 근의 3배이므로 두 근을 α, 3α $(\alpha>0)$라 하면
>
> 두 근의 합: $\alpha+3\alpha=\dfrac{4m}{m^2+1}$ $\qquad \therefore \alpha=\dfrac{m}{m^2+1}$ $\qquad$ ……①
>
> 두 근의 곱: $\alpha\times3\alpha=\dfrac{2}{m^2+1}$ $\qquad \therefore 3\alpha^2=\dfrac{2}{m^2+1}$ $\qquad$ ……②
>
> **2nd** ①을 ②에 대입하여 m의 값을 구하면
>
> $3\times\left(\dfrac{m}{m^2+1}\right)^2=\dfrac{2}{m^2+1}$
>
> $3m^2=2(m^2+1)$ $\qquad m^2=2$ $\qquad \therefore m=\pm\sqrt{2}$
>
> **3rd** $\alpha>0$에 의해 ①에서 $m>0$이므로
>
> $m=\sqrt{2}$

> ✅ **정답** $\sqrt{2}$

---

x에 대한 이차방정식 $x^2+(m-6)x-12=0$의 두 근의 절댓값의 비가 $3:1$이 되게 하는 실수 m의 값을 구하시오.

> **탐구** 절댓값의 비가 $3:1$ → 두 근 3α, α 또는 3α, $-\alpha$

> **풀이** **1st** 두 근의 곱이 -12이므로 α, β는 서로 다른 부호이고 두 근의 절댓값의 비가 $3:1$이
>
> 므로 두 근을 3α, $-\alpha$라 하면
>
> 두 근의 합: $3\alpha+(-\alpha)=-m+6$ $\qquad \therefore 2\alpha+m=6$ $\qquad$ ……①
>
> 두 근의 곱: $3\alpha\times(-\alpha)=-12$ $\qquad \alpha^2=4$ $\quad \therefore \alpha=\pm2$
>
> **2nd** $\alpha=\pm2$를 ①에 대입하여 각각의 경우에 m의 값을 구하면
>
> ⅰ) $\alpha=2$일 때, $4+m=6$ $\qquad \therefore m=2$
>
> ⅱ) $\alpha=-2$일 때, $-4+m=6$ $\quad \therefore m=10$

> ✅ **정답** 2 또는 10

$f(ax+b)=0$의 두 근

→ $ax+b=\alpha$, $ax+b=\beta$로 놓아 x를 구한다!

첫째, $f(x)=0 \rightarrow \alpha+\beta$, $\alpha\beta$를 구한다.

둘째, $f(ax+b)=0 \rightarrow ax+b=\alpha$, $ax+b=\beta \rightarrow$ 두 근 x를 구한다.

기|본|예|제 24

이차방정식 $f(x)=0$의 두 근 α, β에 대하여 $\alpha+\beta=5$, $\alpha\beta=-3$일 때, 이차방정식 $f(3x+2)=0$의 두 근의 곱을 구하시오.

탐구 $f(x)=0$의 두 근 α, $\beta \rightarrow f(3x+2)=0$에서 $3x+2=\alpha$, $3x+2=\beta$가 성립

풀이 (1st) $f(3x+2)=0$에서 두 근을 구하면

$\alpha=3x+2$에서 $x=\dfrac{\alpha-2}{3}$, $\beta=3x+2$에서 $x=\dfrac{\beta-2}{3}$

(2nd) $\alpha+\beta=5$, $\alpha\beta=-3$을 이용하여 $f(3x+2)=0$의 두 근의 곱을 구하면

$$\frac{\alpha-2}{3}\times\frac{\beta-2}{3}=\frac{\alpha\beta-2(\alpha+\beta)+4}{9}$$

$$=\frac{-3-10+4}{9}=-1$$

정답 -1

기|본|예|제 25

이차방정식 $f(x)=0$의 두 근의 합이 4일 때, 이차방정식 $f(2x+1)=0$의 두 근의 합을 구하시오.

탐구 $f(x)=0$의 두 근 α, $\beta \rightarrow f(2x+1)=0$에서 $2x+1=\alpha$, $2x+1=\beta$가 성립

풀이 (1st) $f(x)=0$의 두 근을 α, β라 하면 두 근의 합이 4이므로

$\alpha+\beta=4$

(2nd) $f(2x+1)=0$의 두 근을 구하면

$\alpha=2x+1$에서 $x=\dfrac{\alpha-1}{2}$, $\beta=2x+1$에서 $x=\dfrac{\beta-1}{2}$

(3rd) $f(2x+1)=0$의 두 근의 합을 구하면

$$\frac{\alpha-1}{2}+\frac{\beta-1}{2}=\frac{\alpha+\beta-2}{2}=\frac{4-2}{2}=1$$

정답 1

2 이차방정식의 작성

→ α, β를 두 근으로 하는 이차방정식을 구하면

$$(x-\alpha)(x-\beta)=0$$

$$x^2-(\alpha+\beta)x+\alpha\beta=0$$

강의 이차방정식의 작성

→ 두 근의 합과 곱을 이용한다!

① 두 근 α, β → x^2-합$x+$곱$=0$

② 두 근 x, y → t^2-합$t+$곱$=0$

기|본|예|제 26

이차방정식 $x^2+x+2=0$의 두 근이 α, β일 때, α^2+1, β^2+1을 두 근으로 하는 이차방정식을 구하시오. (단, 이차항의 계수는 1이다.)

탐구 두 근 α, β → 근과 계수의 관계 이용

풀이 **1st** 이차방정식 $x^2+x+2=0$의 두 근이 α, β이므로

$$\alpha+\beta=-1,\ \alpha\beta=2 \qquad \cdots\cdots ①$$

2nd ①을 이용하여 두 근이 α^2+1, β^2+1인 이차방정식의 두 근의 합과 곱을 구하면

ⅰ) 두 근의 합: $\alpha^2+1+\beta^2+1=\alpha^2+\beta^2+2$

$$=(\alpha+\beta)^2-2\alpha\beta+2$$

$$=1-4+2=-1$$

ⅱ) 두 근의 곱: $(\alpha^2+1)(\beta^2+1)=\alpha^2\beta^2+\alpha^2+\beta^2+1$

$$=(\alpha\beta)^2+(\alpha+\beta)^2-2\alpha\beta+1$$

$$=4+1-4+1=2$$

3rd 구한 두 근의 합과 곱을 이용하여 이차방정식을 구하면

$$x^2+x+2=0$$

정답 $x^2+x+2=0$

정아와 은지가 이차방정식 $x^2 + ax + b = 0$을 풀었다. 정아는 a를 잘못 보고 풀어 1, -8의 두 근을 얻었고 은지는 b를 잘못 보고 풀어 $1+2i$, $1-2i$의 두 근을 얻었다면 처음 이차방정식을 구하시오.

탐구 잘못 본 문제 → 바르게 본 것 이용하여 문제 해결

풀이 **(1st)** 정아가 바르게 본 것은 b이므로

$$b = 1 \times (-8) = -8$$

(2nd) 은지가 바르게 본 것은 a이므로

$$-a = 1 + 2i + 1 - 2i = 2 \qquad \therefore a = -2$$

(3rd) 구한 값을 이용하여 처음 이차방정식을 구하면

$$x^2 - 2x - 8 = 0$$

정답 $x^2 - 2x - 8 = 0$

석진, 윤기 두 명이 이차방정식 $ax^2 + bx + c = 0$을 풀었다. 석진이는 b를 잘못 보고 풀어 -2와 -3의 두 근을 얻었고, 윤기는 c를 잘못 보고 풀어 1과 4의 두 근을 얻었다. 처음 이차방정식의 해를 구하시오.

탐구 잘못 본 문제 → 바르게 본 것 이용하여 문제 해결

풀이 **(1st)** 석진이 바르게 본 것은 a와 c이므로

$$\frac{c}{a} = (-2) \times (-3) = 6$$

(2nd) 윤기가 바르게 본 것은 a와 b이므로

$$-\frac{b}{a} = 1 + 4 = 5$$

(3rd) 구한 값을 이용하여 처음 이차방정식을 구하면

$$a\left(x^2 + \frac{b}{a}x + \frac{c}{a}\right) = 0$$

$$a(x^2 - 5x + 6) = 0$$

(4th) 처음 이차방정식을 인수분해하여 해를 구하면

$$a(x-2)(x-3) = 0$$

$$\therefore x = 2, \ x = 3$$

정답 $x = 2, \ x = 3$

3 근에 의한 인수분해

→ $ax^2 + bx + c = 0 (a \neq 0)$의 두 근을 α, β라 하면

(1) $ax^2 + bx + c = a(x - \alpha)(x - \beta)$

(2) $\alpha = \beta$일 때, $ax^2 + bx + c = a(x - \alpha)^2$

강의 이차방정식의 근에 의한 인수분해

→ $a(x - \alpha)(x - \beta)$로 인수분해된다!

→ 두 근 α, β → $ax^2 + bx + c = a(x - \alpha)(x - \beta)$

기|본|예|제 29

다음 이차식을 근의 공식을 이용하여 복소수 범위에서 인수분해하시오.

(1) $6x^2 - 5x + 2$ (2) $3x^2 - 2x - 4$

탐구 이차방정식 $ax^2 + bx + c = 0 (a \neq 0)$의 두 근을 α, β라 하면

$\rightarrow ax^2 + bx + c = a(x - \alpha)(x - \beta)$

풀이 (1) **1st** $6x^2 - 5x + 2 = 0$의 두 근을 근의 공식을 이용하여 구하면

$$x = \frac{5 \pm \sqrt{25 - 48}}{12} = \frac{5 \pm \sqrt{23}\,i}{12}$$

2nd 이 두 근을 이용하여 준식을 인수분해하면

$$(준식) = 6\left(x - \frac{5 + \sqrt{23}\,i}{12}\right)\left(x - \frac{5 - \sqrt{23}\,i}{12}\right)$$

(2) **1st** $3x^2 - 2x - 4 = 0$의 두 근을 근의 공식을 이용하여 구하면

$$x = \frac{1 \pm \sqrt{1 + 12}}{3} = \frac{1 \pm \sqrt{13}}{3}$$

2nd 이 두 근을 이용하여 준식을 인수분해하면

$$(준식) = 3\left(x - \frac{1 + \sqrt{13}}{3}\right)\left(x - \frac{1 - \sqrt{13}}{3}\right)$$

정답 (1) $6\left(x - \dfrac{5 + \sqrt{23}\,i}{12}\right)\left(x - \dfrac{5 - \sqrt{23}\,i}{12}\right)$ (2) $3\left(x - \dfrac{1 + \sqrt{13}}{3}\right)\left(x - \dfrac{1 - \sqrt{13}}{3}\right)$

04 이차방정식의 켤레근과 공통근

1 이차방정식의 켤레근

(1) 유리수 계수 이차방정식의 한 근이 $\alpha+\beta\sqrt{m}$이면 다른 한 근은 $\alpha-\beta\sqrt{m}$이다.

   (단, α, β는 유리수, $\beta\neq0$, $\sqrt{m}$은 무리수)

(2) 실수 계수 이차방정식의 한 근이 $\alpha+\beta i$이면 다른 한 근은 $\alpha-\beta i$이다.

   (단, α, β는 실수, $\beta\neq0$, $i=\sqrt{-1}$)

강의 **유리수 계수 방정식의 켤레근**

→ 유리수 계수 조건이 필요하다!

→ 무리근은 고독하지 않다. → 유리수 계수 방정식

$\rightarrow a+b\sqrt{3}\,(근) \rightleftarrows a-b\sqrt{3}\,(근)$

기|본|예|제 30

이차방정식 $x^2-ax+b=0$의 한 근이 $\dfrac{\sqrt{3}-1}{2}$일 때, 유리수 a, b의 값을 구하시오.

탐구 유리수 계수 이차방정식의 한 근 $\dfrac{\sqrt{3}-1}{2}$ → 다른 한 근 $\dfrac{-\sqrt{3}-1}{2}$

풀이 (1st) 유리수 계수 이차방정식의 한 근이 $\dfrac{\sqrt{3}-1}{2}$이면 다른 한 근은 $\dfrac{-\sqrt{3}-1}{2}$이므로

근과 계수의 관계를 이용하면

두 근의 합: $a=\dfrac{\sqrt{3}-1}{2}+\dfrac{-\sqrt{3}-1}{2}=-1$

두 근의 곱: $b=\dfrac{\sqrt{3}-1}{2}\times\dfrac{-\sqrt{3}-1}{2}=-\dfrac{1}{2}$

정답 $a=-1$, $b=-\dfrac{1}{2}$

기|본|예|제 31

두 유리수 a, b에 대하여 이차방정식 $x^2 + ax + 2 = 0$의 한 근이 $b - \sqrt{2}$일 때, ab의 값을 구하시오.

탐구 　유리수 계수 이차방정식의 한 근 $b - \sqrt{2}$ → 다른 한 근 $b + \sqrt{2}$

풀이 　**1st** 유리수 계수 이차방정식의 한 근이 $b - \sqrt{2}$이면 다른 한 근은 $b + \sqrt{2}$이므로

근과 계수의 관계를 이용하면

두 근의 합: $(b - \sqrt{2}) + (b + \sqrt{2}) = -a$

$$\therefore \ a + 2b = 0 \qquad \cdots\cdots ①$$

두 근의 곱: $(b - \sqrt{2})(b + \sqrt{2}) = 2 \quad b^2 - 2 = 2$

$$b^2 = 4 \quad \therefore \ b = \pm 2$$

2nd 각각의 b의 값을 ①에 대입하여 a의 값을 구하면

ⅰ) $b = 2$일 때, ①에서 $a + 4 = 0$　　$\therefore \ a = -4$

ⅱ) $b = -2$일 때, ①에서 $a - 4 = 0$　　$\therefore \ a = 4$

3rd ab의 값을 구하면

$$ab = -8$$

✔ **정답** 　-8

기|본|예|제 32

이차방정식 $x^2 - 2ax + 2 = 0$의 한 근이 $1 + \sqrt{3}$일 때, 상수 a의 값을 구하시오.

탐구 　유리수 계수 조건 無 → 켤레근 사용 불가

풀이 　**1st** 켤레근을 갖지 않으므로 주어진 근을 방정식에 대입하면

$$(1 + \sqrt{3})^2 - 2a(1 + \sqrt{3}) + 2 = 0$$

$$1 + 2\sqrt{3} + 3 - 2a(1 + \sqrt{3}) + 2 = 0$$

$$-2a(1 + \sqrt{3}) = -6 - 2\sqrt{3}$$

$$a(1 + \sqrt{3}) = 3 + \sqrt{3}$$

$$a = \frac{3 + \sqrt{3}}{1 + \sqrt{3}} = \sqrt{3}$$

✔ **정답** 　$\sqrt{3}$

실수 계수 방정식의 켤레근

→ 실수 계수 조건이 필요하다!

→ 허근은 고독하지 않다. → 실수 계수 방정식

→ $a+bi$(근) $\rightleftarrows$ $a-bi$(근)

기|본|예|제 33

이차방정식 $x^2+ax+b=0$의 한 근이 $2+\sqrt{5}\,i$일 때, 실수 a, b의 값을 구하시오.

탐구 실수 계수 이차방정식의 한 근 $2+\sqrt{5}\,i$ → 다른 한 근 $2-\sqrt{5}\,i$

풀이 (1st) 실수 계수 이차방정식의 한 근이 $2+\sqrt{5}\,i$이면 다른 한 근은 $2-\sqrt{5}\,i$이므로

근과 계수의 관계를 이용하면

두 근의 합: $-a=2+\sqrt{5}\,i+2-\sqrt{5}\,i=4$

$$\therefore a=-4$$

두 근의 곱: $b=(2+\sqrt{5}\,i)(2-\sqrt{5}\,i)=4+5=9$

$$\therefore b=9$$

정답 $a=-4,\ b=9$

기|본|예|제 34

이차방정식 $x^2-x+a=0$의 한 근이 $1+i$일 때, 상수 a의 값을 구하시오.

탐구 실수 계수 조건 無 → 켤레근 이용 불가

풀이 (1st) 켤레근을 갖지 않으므로 주어진 근을 방정식에 대입하면

$$(1+i)^2-(1+i)+a=0$$

$$1+2i-1-1-i+a=0$$

$$i-1+a=0$$

$$\therefore a=1-i$$

정답 $1-i$

2 이차방정식의 공통근

→ 두 개 이상의 방정식을 동시에 만족시키는 미지수의 값을 **공통근**이라 한다.

[1] 공통근을 구하는 방법

(1) 문자계수를 갖고 있지 않은 방정식인 경우

첫째, 인수분해한다.

둘째, 최대공약수 $G(x)=0$의 근을 구한다.

(2) 문자계수를 갖고 있는 방정식인 경우

첫째, 공통근을 α로 놓는다.

둘째, 상수항 또는 이차항을 소거한다.

셋째, 인수분해하여 α를 구한다.

[2] 이차방정식의 공통근과 계수의 관계

→ 두 이차방정식 $ax^2+bx+c=0$, $px^2+qx+r=0$에서

(1) 단 하나의 공통근을 가지려면 $bp-aq\neq0$이고, $\alpha=\dfrac{ar-cp}{bp-aq}$가 근이어야 한다.

(2) $\dfrac{a}{p}=\dfrac{b}{q}=\dfrac{c}{r}$일 때, 공통근 두 개를 갖는다.

강의 문자계수가 있는 경우의 공통근 문제

→ 이차항 또는 상수항을 소거하여 푼다!

→ 2차항 or 상수항 소거

기 | 본 | 예 | 제 35

두 이차방정식 $x^2-(p-5)x+3p=0$과 $x^2+(p+1)x-3p=0$이 공통근을 가질 때, 상수 p의 값을 구하시오.

탐구 문자계수 방정식 → 이차항 또는 상수항을 소거한다.

풀이 **1st** 공통근을 α라 하고 두 식에 대입하면

$$\alpha^2-(p-5)\alpha+3p=0 \quad \cdots\cdots ①$$
$$\alpha^2+(p+1)\alpha-3p=0 \quad \cdots\cdots ②$$

2nd ①+②를 계산하여 상수항을 소거하고 α의 값을 구하면

$$2\alpha^2+6\alpha=0 \quad 2\alpha(\alpha+3)=0 \quad \alpha=0 \text{ 또는 } \alpha=-3$$

3rd 각각의 α의 값을 ①에 대입하여 p의 값을 구하면

ⅰ) $\alpha=0$일 때, $3p=0$ ∴ $p=0$

ⅱ) $\alpha=-3$일 때, $9+3p-15+3p=0$ ∴ $p=1$

정답 0 또는 1

이차방정식이 두 개의 공통근을 가지는 경우

→ 계수의 비가 같다.

→ $\begin{cases} ax^2 + bx + c = 0 \\ a'x^2 + b'x + c' = 0 \end{cases}$ → 두 개의 공통근 → $\dfrac{a}{a'} = \dfrac{b}{b'} = \dfrac{c}{c'}$

기|본|예|제 36

x에 대한 두 이차방정식 $mx^2 + x + m^2 = 0$, $mx^2 + m^2x + 1 = 0$이 두 개의 공통근을 가질 때, 상수 m의 값을 구하시오.

탐구 $\begin{cases} ax^2 + bx + c = 0 \\ a'x^2 + b'x + c' = 0 \end{cases}$ 이 두 개의 공통근을 가질 조건: $\dfrac{a}{a'} = \dfrac{b}{b'} = \dfrac{c}{c'}$

풀이 (1st) 두 이차방정식이 두 개의 공통근을 가질 조건을 구하면

$$\frac{m}{m} = \frac{1}{m^2} = \frac{m^2}{1} \ (\text{단, } m \neq 0)$$

$$m^4 = 1 \quad m^2 = 1$$

$$\therefore m = \pm 1$$

정답 ± 1

기|본|예|제 37

x에 대한 두 이차방정식 $ax^2 + bx + c = 0$과 $x^2 - 2x + 2 = 0$이 두 개의 공통근을 가질 때, 상수 a, b, c에 대하여 $a : b : c$의 값을 구하시오.

탐구 $\begin{cases} ax^2 + bx + c = 0 \\ a'x^2 + b'x + c' = 0 \end{cases}$ 이 두 개의 공통근을 가질 조건: $\dfrac{a}{a'} = \dfrac{b}{b'} = \dfrac{c}{c'}$

풀이 (1st) 두 이차방정식이 두 개의 공통근을 가질 조건을 구하면

$$\frac{a}{1} = \frac{b}{-2} = \frac{c}{2}$$

(2nd) 비의 값을 k라 놓으면

$$a = k, \ b = -2k, \ c = 2k$$

(3rd) $a : b : c$의 값을 구하면

$$a : b : c = k : -2k : 2k = 1 : -2 : 2$$

정답 $1 : -2 : 2$

반복 학습 기록란.

가장 좋은 학습 방법은 학교에서나 학원에서나 선생님의 강의를 열심히 듣고 여러 번 반복 학습하는 것입니다.
지금부터 당장 선생님의 강의를 열심히 듣고 반복! 반복하십시오. 그러면 곧 모든 과목에 자신이 생길 것입니다.

회수	시작이 반!			끝을 봐야!			확인
제1회	년	월	일부터	년	월	일까지	
제2회	년	월	일부터	년	월	일까지	
제3회	년	월	일부터	년	월	일까지	
제4회	년	월	일부터	년	월	일까지	
제5회	년	월	일부터	년	월	일까지	
제6회	년	월	일부터	년	월	일까지	
제7회	년	월	일부터	년	월	일까지	
제8회	년	월	일부터	년	월	일까지	
제9회	년	월	일부터	년	월	일까지	
제10회	년	월	일부터	년	월	일까지	

단원 점검문제

▶ 아무런 도움 없이 스스로 연습장에 풀어 단원에 대한 성취도를 평가하고 미흡한 점이 있으면 배운 부분을 다시 반복 학습하도록 하자.

01 다음 이차방정식을 푸시오.

(1) $x^2 - 2x - 3 = 0$ (2) $x^2 - 2x + 3 = 0$ (3) $x^2 + 3x - 2 = 0$

02 다음 방정식을 푸시오.

(1) $mx^2 + mx + x + 1 = 0$ (2) $ax^2 + 2ax + x + 2 = 0$

03 이차방정식 $kx^2 + (1-k)x - 1 = 0$을 푸시오.

04 x에 대한 이차방정식 $ax^2 - (a^2+1)x - (2a+1) = 0$의 한 근이 -1일 때, 실수 a의 값과 다른 한 근을 구하시오.

05 $x^2 - 2|x| - 3 = 0$을 푸시오.

06 다음 방정식을 푸시오.

(1) $(x+2)|x-2| = 3x$ (2) $x^2 + |x| = \sqrt{(x+1)^2} + 3$

07 $(2+\sqrt{3})x^2+(1+\sqrt{3})x-2(5+3\sqrt{3})=0$의 유리근을 구하시오.

08 이차방정식 $(\sqrt{2}-1)x^2-(3-\sqrt{2})x+\sqrt{2}=0$의 두 근을 α, β라 할 때, $|\alpha-\beta|$의 값을 구하시오.

09 이차방정식 $(\sqrt{2}+1)x^2-(2\sqrt{2}+1)x-2=0$을 푸시오.

10 이차방정식 $(1+2i)x^2-(1-3i)x-5i=0$의 실근을 구하시오. (단, $i=\sqrt{-1}$)

11 이차방정식 $ix^2-x+2i=0$의 두 근을 α, β라 할 때, $\alpha^2+\beta^2$의 값을 구하시오.

12 이차방정식 $(1-i)x^2+2ix-4i=0$을 푸시오.

13 x에 대한 이차방정식 $x^2 + 2(1-k)x + (k^2+5) = 0$이 서로 다른 두 실근을 갖게 하는 k의 값의 범위를 구하시오.

14 x에 대한 이차방정식 $x^2 - 2(k-a)x + k^2 + a^2 - b + 1 = 0$이 실수 k의 값에 관계없이 중근을 가질 때, 상수 a, b의 값을 구하시오.

15 x에 대한 이차식 $x^2 - ax + a - 1$이 완전제곱식이 될 때, 실수 a의 값을 구하시오.

16 x에 대한 이차식 $x^2 + (k-1)x - 2k - 1$이 완전제곱식이 될 때, 실수 k의 값과 (이차식)$= 0$의 근을 구하시오.

17 이차방정식 $x^2 - (a+i)x + 2 + bi = 0$이 중근을 가질 때, 실수 a, b의 값을 구하시오.

18 $x^2 + 3x + 1 = 0$의 두 근을 α, β라 할 때, 다음 식의 값을 구하시오.

(1) $\alpha^2 + \beta^2$ (2) $\alpha^3 + \beta^3$ (3) $\alpha - \beta$

19 이차방정식 $x^2 + ax + b = 0$의 두 근이 1, -2일 때, 이차방정식 $2x^2 + (a+b)x + b = 0$의 두 근의 합을 구하시오. (단, a, b는 실수)

20 이차방정식 $x^2 + px + q = 0$의 두 근을 α, β라 할 때, 이차방정식 $x^2 - px + 2q = 0$의 두 근은 $\alpha - 1$, $\beta - 1$이다. 이때 실수 p, q의 값을 구하시오.

21 이차방정식 $(m-1)x^2 - (m+3)x + 6 = 0$의 한 근이 다른 한 근보다 1 크다고 할 때, 실수 m의 값을 구하시오.

22 x에 대한 이차방정식 $(m^2 + 1)x^2 - 4mx + 2 = 0$이 양의 두 근을 가지며 한 근은 다른 한 근의 3배와 같다고 할 때, 실수 m의 값을 구하시오.

23 x에 대한 이차방정식 $x^2 + (m-6)x - 12 = 0$의 두 근의 절댓값의 비가 $3:1$이 되게 하는 실수 m의 값을 구하시오.

24 이차방정식 $f(x) = 0$의 두 근 α, β에 대하여 $\alpha + \beta = 5$, $\alpha\beta = -3$일 때, 이차방정식 $f(3x+2) = 0$의 두 근의 곱을 구하시오.

25 이차방정식 $f(x) = 0$의 두 근의 합이 4일 때, 이차방정식 $f(2x+1) = 0$의 두 근의 합을 구하시오.

26 이차방정식 $x^2+x+2=0$의 두 근이 α, β일 때, α^2+1, β^2+1을 두 근으로 하는 이차방정식을 구하시오. (단, 이차항의 계수는 1이다.)

27 정아와 은지가 이차방정식 $x^2+ax+b=0$을 풀었다. 정아는 a를 잘못 보고 풀어 1, -8의 두 근을 얻었고 은지는 b를 잘못 보고 풀어 $1+2i$, $1-2i$의 두 근을 얻었다면 처음 이차방정식을 구하시오.

28 석진, 윤기 두 명이 이차방정식 $ax^2+bx+c=0$을 풀었다. 석진이는 b를 잘못 보고 풀어 -2와 -3의 두 근을 얻었고, 윤기는 c를 잘못 보고 풀어 1과 4의 두 근을 얻었다. 처음 이차방정식의 해를 구하시오.

29 다음 이차식을 근의 공식을 이용하여 복소수 범위에서 인수분해하시오.

(1) $6x^2-5x+2$ (2) $3x^2-2x-4$

30 이차방정식 $x^2-ax+b=0$의 한 근이 $\dfrac{\sqrt{3}-1}{2}$일 때, 유리수 a, b의 값을 구하시오.

31 두 유리수 a, b에 대하여 이차방정식 $x^2+ax+2=0$의 한 근이 $b-\sqrt{2}$일 때, ab의 값을 구하시오.

32 이차방정식 $x^2 - 2ax + 2 = 0$의 한 근이 $1 + \sqrt{3}$일 때, 상수 a의 값을 구하시오.

33 이차방정식 $x^2 + ax + b = 0$의 한 근이 $2 + \sqrt{5}\,i$일 때, 실수 a, b의 값을 구하시오.

34 이차방정식 $x^2 - x + a = 0$의 한 근이 $1 + i$일 때, 상수 a의 값을 구하시오.

35 두 이차방정식 $x^2 - (p-5)x + 3p = 0$과 $x^2 + (p+1)x - 3p = 0$이 공통근을 가질 때, 상수 p의 값을 구하시오.

36 x에 대한 두 이차방정식 $mx^2 + x + m^2 = 0$, $mx^2 + m^2x + 1 = 0$이 두 개의 공통근을 가질 때, 상수 m의 값을 구하시오.

37 x에 대한 두 이차방정식 $ax^2 + bx + c = 0$과 $x^2 - 2x + 2 = 0$이 두 개의 공통근을 가질 때, 상수 a, b, c에 대하여 $a : b : c$의 값을 구하시오.

III 이차함수

PART 01. 이차함수의 그래프
PART 02. 이차함수의 활용

이차함수의 그래프

1 이차함수의 그래프
◆ 반복 학습 기록란
◆ 단원 점검문제

명언

자신을 가장 빨리 변화시키는 방법은
당신이 되고 싶은 모습을 하고 있는 사람들과 어울리는 것이다.
- 리드 호프만 -

01 이차함수의 그래프

이차함수의 그래프

[1] 기본형 $y = ax^2$의 그래프

(1) 꼭짓점: $(0, 0)$

(2) 대칭축: y축$(x = 0)$

(3) 꼴잡이: a

① $a > 0$일 때 → 아래로 볼록하다. ($\cup$꼴)

② $a < 0$일 때 → 위로 볼록하다. ($\cap$꼴)

③ $|a|$의 값이 클수록 그래프의 폭이 좁아진다.

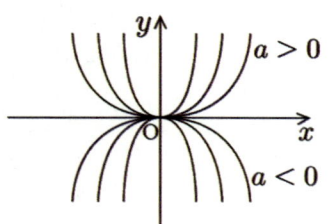

[2] 표준형 $y = a(x - m)^2 + n \, (a \neq 0)$의 그래프

→ $y = ax^2$의 그래프를 x축으로 m만큼, y축으로 n만큼 평행이동한 그래프이다.

(1) 꼭짓점: $(m, \ n)$

(2) 대칭축: $x = m$

(3) 꼴잡이: a

① $a > 0$일 때 → 아래로 볼록하다. ($\cup$꼴)

② $a < 0$일 때 → 위로 볼록하다. ($\cap$꼴)

③ $|a|$의 값이 클수록 그래프의 폭이 좁아진다.

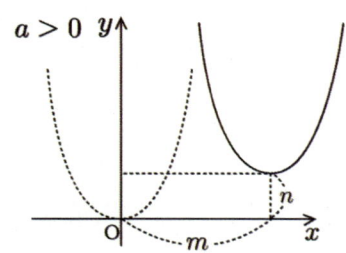

[3] 일반형 $y = ax^2 + bx + c \, (a \neq 0)$의 그래프

→ $y = a\left(x + \dfrac{b}{2a}\right)^2 - \dfrac{b^2 - 4ac}{4a}$

→ $y = ax^2$의 그래프를 x축으로 $-\dfrac{b}{2a}$만큼, y축으로 $-\dfrac{b^2 - 4ac}{4a}$만큼 평행이동한 그래프이다.

(1) 꼭짓점: $\left(-\dfrac{b}{2a}, \ -\dfrac{b^2 - 4ac}{4a}\right)$

(2) 대칭축: $x = -\dfrac{b}{2a}$

(3) y절편: c

(4) 꼴잡이: a

① $a > 0$일 때 → 아래로 볼록하다. ($\cup$꼴)

② $a < 0$일 때 → 위로 볼록하다. ($\cap$꼴)

③ $|a|$의 값이 클수록 그래프의 폭이 좁아진다.

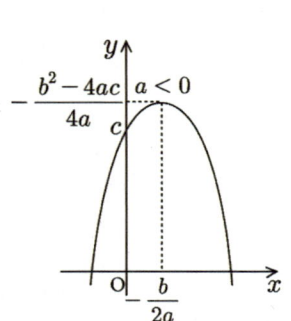

→ **꼭짓점을 이용한다!**

→ $y = ax^2 + bx + c \rightarrow y = a\left(x + \dfrac{b}{2a}\right)^2 - \dfrac{D}{4a}$ (단, $D = b^2 - 4ac$)

① 꼴잡이 i) $a > 0 \rightarrow \cup$ 꼴

         ii) $a < 0 \rightarrow \cap$ 꼴

② 꼭짓점 $\left(-\dfrac{b}{2a}, \ -\dfrac{D}{4a}\right)$

③ 대칭축 $x = -\dfrac{b}{2a}$

주의 이차함수의 생명 → 꼭짓점

① 기본형 $y = ax^2 \rightarrow$ 꼭짓점 $(0, 0)$, 대칭축 $x = 0$

② 이동형 $y = a(x-m)^2 + n \rightarrow$ 꼭짓점 (m, n), 대칭축 $x = m$

③ 일반형 $y = ax^2 + bx + c \rightarrow$ 꼭짓점 $\left(-\dfrac{b}{2a}, \ -\dfrac{D}{4a}\right)$, 대칭축 $x = -\dfrac{b}{2a}$

기 | 본 | 예 | 제 01

다음 이차함수의 꼭짓점의 좌표와 대칭축을 차례로 쓰시오.

(1) $y = -2x^2$　　　　　　　　　　(2) $y = 2x^2 - 3$

(3) $y = 2(x-3)^2 + 5$　　　　　　(4) $y = 2x^2 - 8x + 12$

탐구　$y = a(x-p)^2 + q$의 꼭짓점의 좌표는 (p, q)이고, 대칭축은 $x = p$이다.

풀이　(1st) 이차함수의 꼭짓점의 좌표와 대칭축을 각각 구하면

(1) $y = -2x^2 \rightarrow$ 꼭짓점 $(0, 0)$, 대칭축 $x = 0$

(2) $y = 2x^2 - 3 \rightarrow$ 꼭짓점 $(0, -3)$, 대칭축 $x = 0$

(3) $y = 2(x-3)^2 + 5 \rightarrow$ 꼭짓점 $(3, 5)$, 대칭축 $x = 3$

(4) $y = 2(x^2 - 4x + 4) + 4 = 2(x-2)^2 + 4$

    $\rightarrow$ 꼭짓점 $(2, 4)$, 대칭축 $x = 2$

정답　(1) $(0, 0)$, $x = 0$　(2) $(0, -3)$, $x = 0$　(3) $(3, 5)$, $x = 3$　(4) $(2, 4)$, $x = 2$

2 $y = ax^2 + bx + c\,(a \neq 0)$의 그래프와 계수

[1] $a \;\rightarrow\;$ 그래프의 모양 결정

   (1) $a > 0$: 아래로 볼록하다. ($\cup$꼴)

   (2) $a < 0$: 위로 볼록하다. ($\cap$꼴)

   (3) $|a|$의 값이 클수록 그래프의 폭이 좁아진다.

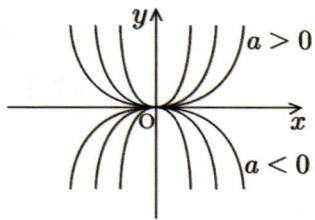

[2] $b \;\rightarrow\;$ 대칭축의 위치 결정

   (1) $ab > 0$: 대칭축은 y축의 좌측에 있다.

   (2) $ab < 0$: 대칭축은 y축의 우측에 있다.

   (3) $ab = 0$: 대칭축은 $x = 0\,(y$축)이다.

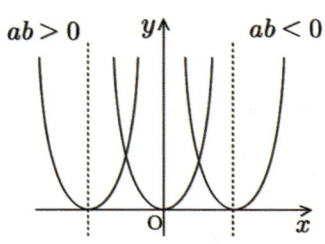

[3] $c \;\rightarrow\;$ 그래프의 y절편 결정

   (1) $c > 0$: $y > 0$인 y축 위의 점을 지난다.

   (2) $c < 0$: $y < 0$인 y축 위의 점을 지난다.

   (3) $c = 0$: $y = 0$인 원점을 지난다.

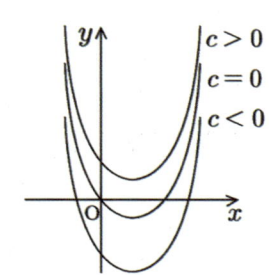

강의 $y = ax^2 + bx + c$의 그래프

$\rightarrow$ 계수의 역할에 주목하라!

① $a \;\rightarrow\;$ 꼴잡이

② $b \;\rightarrow\;$ 대칭축

③ $c \;\rightarrow\; y$절편

주의   대칭축 $x = -\dfrac{b}{2a}$ (반대 현상)

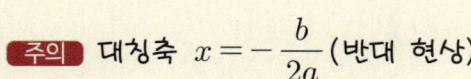

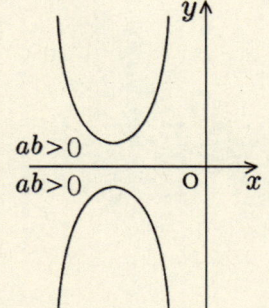
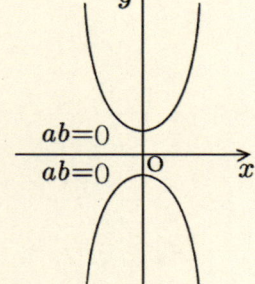
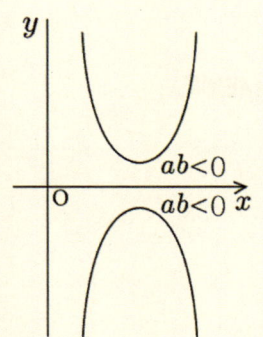

이차함수 $y = ax^2 + bx + c$의 그래프가 오른쪽 그림과 같을 때, 함수 $y = cx^2 - bx + a$의 개형으로 맞는 것을 고르시오.

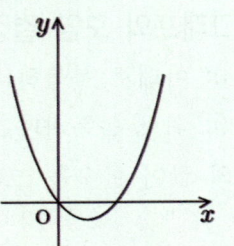

①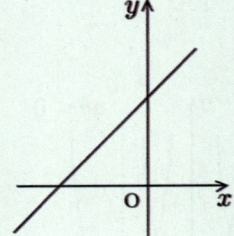

②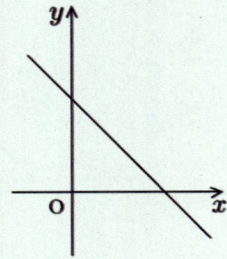

③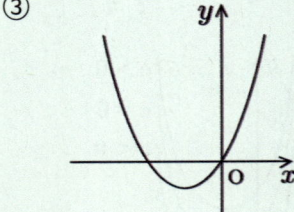

④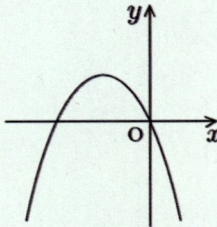

⑤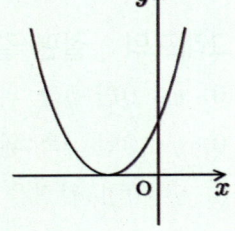

탐구 $y = ax^2 + bx + c$에서 a: 꼴잡이, b: 대칭축, c: y절편

풀이

(1st) 아래로 볼록인 그래프이므로

$$a > 0$$

(2nd) 대칭축은 y축의 우측에 있으므로

$$ab < 0 \quad \therefore \ b < 0$$

(3rd) (y절편)$= 0$이므로

$$c = 0$$

(4th) 구하는 함수는 $y = -bx + a$이고 기울기 $-b > 0$, y절편 $a > 0$인 직선이므로

함수의 개형으로 맞는 것은 ①이다.

정답   ①

◢ MEMO

3 이차함수의 작성

[1] 원점이 꼭짓점인 경우
→ $y = ax^2$

[2] x축에 접하고, 대칭축이 y축에 평행한 경우
→ $y = a(x-m)^2$

[3] 꼭짓점 $(m, \ n)$이 주어진 경우
→ $y = a(x-m)^2 + n$

[4] x축과의 두 교점이 $(\alpha, \ 0)$, $(\beta, \ 0)$으로 주어진 경우
→ $y = a(x-\alpha)(x-\beta)$

[5] 세 점이 주어진 경우
→ $y = ax^2 + bx + c$

강의 **이차함수의 작성**

→ 세 가지 방법이 있다!

① 꼭짓점이 주어지는 경우 → $y = a(x-m)^2 + n$

② x절편이 주어지는 경우 → $y = a(x-\alpha)(x-\beta)$

③ 세 점이 주어지는 경우 → $y = ax^2 + bx + c$

→ 3점 → 3식 → $a, \ b, \ c$ 결정

기|본|예|제 03

꼭짓점이 $(1, \ -2)$이고, 점 $(-1, \ 2)$를 지나는 이차함수의 식을 구하시오.

탐구   꼭짓점 $(m, \ n)$ → 이차함수 $y = a(x-m)^2 + n$

풀이   **1st** 꼭짓점 $(1, \ -2)$를 이용하여 이차함수의 식을 구하면

$$y = a(x-1)^2 - 2 \qquad \cdots\cdots ①$$

2nd ①에 $(-1, \ 2)$를 대입하여 a의 값을 구하면

$$2 = a(-1-1)^2 - 2 \quad \therefore \ a = 1$$

$$\therefore \ y = (x-1)^2 - 2$$

정답 $y = (x-1)^2 - 2$

x절편이 1, 3이고 y절편이 3인 이차함수의 식을 구하시오.

탐구 x절편이 α, β → 이차함수 $y = a(x-\alpha)(x-\beta)$

풀이

1st x절편이 1, 3인 이차함수의 식을 구하면

$$y = a(x-1)(x-3) \qquad\qquad \cdots\cdots ①$$

2nd y절편이 3이므로 ①에 $(0,\ 3)$을 대입하여 a의 값을 구하면

$$3 = 3a \qquad \therefore\ a = 1$$

3rd   구한 값을 이용하여 이차함수의 식을 구하면

$$y = (x-1)(x-3) = x^2 - 4x + 3$$

$$\therefore\ y = x^2 - 4x + 3$$

정답 $y = x^2 - 4x + 3$

세 점 $(-1,\ 8)$, $(1,\ 2)$, $(0,\ 4)$를 지나는 이차함수의 식을 구하시오.

탐구   세 점 → $y = ax^2 + bx + c$ 에 대입

풀이

1st   구하는 이차함수의 식을 $y = ax^2 + bx + c$라 하고 세 점을 대입하면

    ⅰ) $(-1, 8)$을 대입하면 $8 = a - b + c \qquad \cdots\cdots ①$

    ⅱ) $(1, 2)$를 대입하면 $2 = a + b + c \qquad \cdots\cdots ②$

    ⅲ) $(0, 4)$를 대입하면 $4 = c$

2nd $c = 4$를 ①, ②에 대입하고 a, b의 값을 구하면

$$a = 1,\ b = -3$$

3rd   구한 값을 이용하여 이차함수의 식을 구하면

$$y = x^2 - 3x + 4$$

정답 $y = x^2 - 3x + 4$

◢ MEMO

반복 학습 기록란.

가장 좋은 학습 방법은 학교에서나 학원에서나 선생님의 강의를 열심히 듣고 여러 번 반복 학습하는 것입니다.
지금부터 당장 선생님의 강의를 열심히 듣고 반복! 반복하십시오. 그러면 곧 모든 과목에 자신이 생길 것입니다.

회수	시작이 반!			끝을 봐야!			확인
제1회	년	월	일부터	년	월	일까지	
제2회	년	월	일부터	년	월	일까지	
제3회	년	월	일부터	년	월	일까지	
제4회	년	월	일부터	년	월	일까지	
제5회	년	월	일부터	년	월	일까지	
제6회	년	월	일부터	년	월	일까지	
제7회	년	월	일부터.	년	월	일까지	
제8회	년	월	일부터	년	월	일까지	
제9회	년	월	일부터	년	월	일까지	
제10회	년	월	일부터	년	월	일까지	

단원 점검문제

▶ 아무런 도움 없이 스스로 연습장에 풀어 단원에 대한 성취도를 평가하고 미흡한 점이 있으면 배운 부분을 다시 반복 학습하도록 하자.

01 다음 이차함수의 꼭짓점의 좌표와 대칭축을 차례로 쓰시오.

(1) $y = -2x^2$ (2) $y = 2x^2 - 3$

(3) $y = 2(x-3)^2 + 5$ (4) $y = 2x^2 - 8x + 12$

02 이차함수 $y = ax^2 + bx + c$의 그래프가 오른쪽 그림과 같을 때, 함수 $y = cx^2 - bx + a$의 개형으로 맞는 것을 고르시오.

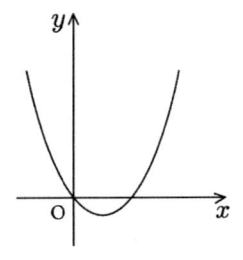

① 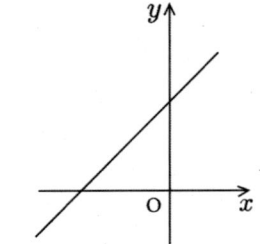 ②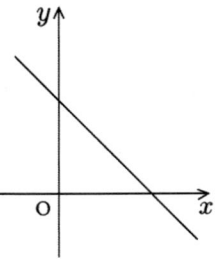

③ 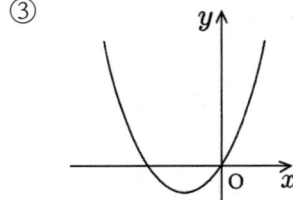 ④ 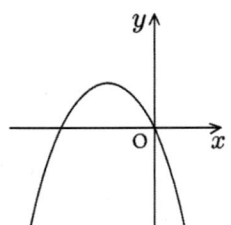 ⑤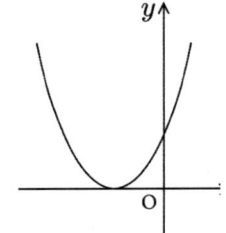

03 꼭짓점이 $(1, -2)$이고, 점 $(-1, 2)$를 지나는 이차함수의 식을 구하시오.

04 x절편이 1, 3이고 y절편이 3인 이차함수의 식을 구하시오.

05 세 점 $(-1, 8)$, $(1, 2)$, $(0, 4)$를 지나는 이차함수의 식을 구하시오.

PART
02

이차함수의 활용

1 이차함수와 이차방정식의 관계
2 이차함수의 최대 · 최소
◈ 반복 학습 기록란
◈ 단원 점검문제

명언

아침에 당신을 벌떡 깨울 수 있는 꿈을 가져야 한다.
- S. 스마일즈 -

01 이차함수와 이차방정식의 관계

1 이차함수의 그래프와 x축과의 관계

→ $y=ax^2+bx+c\,(a\neq 0)$와 x축과의 교점의 좌표는 $ax^2+bx+c=0\,(a\neq 0)$의 **실근**이다.

(1) $D>0 \Leftrightarrow$ 서로 다른 두 실근

   $\Leftrightarrow x$축과 서로 다른 두 점에서 만난다.

(2) $D=0 \Leftrightarrow$ 서로 같은 두 실근(중근)

   $\Leftrightarrow x$축에 접한다.

(3) $D<0 \Leftrightarrow$ 서로 다른 두 허근

   $\Leftrightarrow x$축과 만나지 않는다.

$D=b^2-4ac$	$D>0$	$D=0$	$D<0$
$ax^2+bx+c=0$	서로 다른 두 실근	서로 같은 두 실근	서로 다른 두 허근
$y=ax^2+bx+c$	$a>0$ $a<0$	$a>0$ $a<0$	$a>0$ $a<0$
x축과의 관계	x축과 두 번 만난다.	x축에 접한다.	x축과 만나지 않는다.

강의 $ax^2+bx+c=0$의 의미

→ 두 함수의 그래프로 해석하라!

→ $\begin{cases} \text{좌변} \quad y=ax^2+bx+c \\ \text{우변} \quad y=0\,(x\text{축}) \end{cases}$ 교점=실근

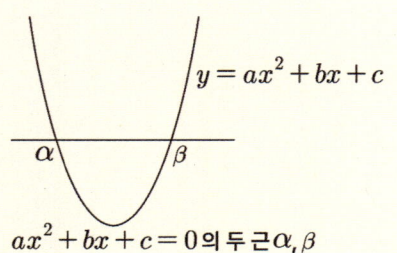

$ax^2+bx+c=0$의 두 근 α, β

이차함수 $y = x^2 + ax + b$의 그래프가 오른쪽 그림과 같을 때,
상수 a, b의 값을 구하시오.

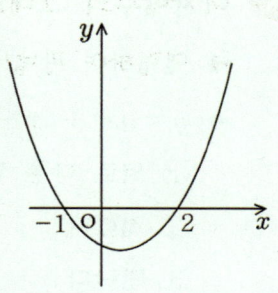

탐구 x축과의 교점의 x좌표 α, β → $x^2 + ax + b = 0$ 두 근 α, β

풀이   **1st** 이차함수의 그래프와 x축과의 교점의 x좌표가 -1, 2이므로

$x^2 + ax + b = 0$의 두 근이 -1, 2이다.

2nd 근과 계수의 관계를 이용하여 a, b의 값을 구하면

두 근의 합: $-1 + 2 = -a$

$\therefore a = -1$

두 근의 곱: $(-1) \times 2 = b$

$\therefore b = -2$

정답 $a = -1$, $b = -2$

이차함수 $y = x^2 + kx - 2$의 그래프와 x축의 두 교점의 x좌표를 α, β라 할 때, $|\alpha - \beta| = 3$이 되게
하는 양수 k의 값을 구하시오.

탐구 x축과의 교점의 x좌표 α, β → $x^2 + ax + b = 0$ 두 근 α, β

풀이   **1st** 이차함수의 그래프와 x축과의 교점의 x좌표가 α, β이므로

$x^2 + kx - 2 = 0$의 두 근이 α, β이다.

2nd 근과 계수의 관계를 이용하면

$\alpha + \beta = -k$, $\alpha\beta = -2$

3rd $|\alpha - \beta| = 3$을 이용하여 변형 공식을 쓰면

$(\alpha - \beta)^2 = (\alpha + \beta)^2 - 4\alpha\beta = (-k)^2 + 8 = 9$

$k^2 = 1$ $\therefore k = \pm 1$

따라서 양수 k의 값은 1이다.

정답   1

이차함수의 그래프와 x축의 관계

→ 연립하여 판별식 D를 이용한다!

→ $y = ax^2 + bx + c$와 x축 $y = 0$을 연립 → 판별식 이용

① 서로 다른 두 교점 → 서로 다른 두 실근 → $D > 0$

② 접한다 → 중근 → $D = 0$

③ 만난다 → 실근 → $D \geq 0$

④ 만나지 않는다 → 허근 → $D < 0$

기 | 본 | 예 | 제 **03**

다음을 구하시오.

(1) 이차함수 $y = x^2 + ax + a^2 - 3$의 그래프가 x축에 접하도록 하는 상수 a의 값을 구하시오.

(2) 이차함수 $y = x^2 - 3x + 4a$의 그래프가 x축과 만나지 않도록 하는 자연수 a의 최솟값을 구하시오.

(3) 이차함수 $y = 2x^2 + 5x + 3k$의 그래프가 x축과 만나도록 하는 정수 k의 최댓값을 구하시오.

탐구 이차함수 $y = ax^2 + bx + c \, (a \neq 0)$의 그래프

① x축에 접한다.→ 이차방정식 $ax^2 + bx + c = 0$의 판별식 $D = 0$

② x축과 만나지 않는다.→ 이차방정식 $ax^2 + bx + c = 0$의 판별식 $D < 0$

③ x축과 만난다.→ 이차방정식 $ax^2 + bx + c = 0$의 판별식 $D \geq 0$

풀이 (1) **1st** 이차함수의 그래프가 x축에 접하므로 이차방정식 $x^2 + ax + a^2 - 3 = 0$의 판별식을 구하면

$$D = a^2 - 4(a^2 - 3) = -3a^2 + 12 = -3(a^2 - 4) = -3(a - 2)(a + 2) = 0$$

$$\therefore \ a = \pm 2$$

(2) **1st** 이차함수의 그래프가 x축과 만나지 않으므로 이차방정식 $x^2 - 3x + 4a = 0$의 판별식을 구하면

$$D = 9 - 16a < 0 \quad \therefore \ a > \frac{9}{16}$$

따라서 자연수 a의 최솟값은 1이다.

(3) **1st** 이차함수의 그래프가 x축과 만나므로 이차방정식 $2x^2 + 5x + 3k = 0$의 판별식을 구하면

$$D = 25 - 24k \geq 0 \quad \therefore \ k \leq \frac{25}{24}$$

따라서 정수 k의 최댓값은 1이다.

✔ **정답** (1) ± 2 (2) 1   (3) 1

> **강의** x 절편의 길이

→ 공식을 꼭 암기해 두어라!

→ $|\alpha - \beta| = \dfrac{\sqrt{D}}{|a|}$

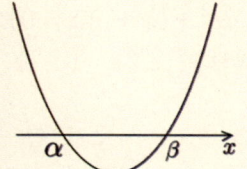

주의 x 절편의 길이를 구할 때 $D/4$는 사용 불가!

기 | 본 | 예 | 제 **04**

이차함수 $y = x^2 - 4x + k - 1$의 그래프가 x축과 만나는 두 점 A, B에 대하여 $\overline{AB} = 6$이라 할 때, 실수 k의 값을 구하시오.

탐구 x 절편의 길이 → $|\alpha - \beta| = \dfrac{\sqrt{D}}{|a|}$

풀이

(1st) 이차함수의 그래프와 x축과의 교점의 x좌표는 이차방정식 $x^2 - 4x + k - 1 = 0$의 실근이므로 A$(\alpha,\ 0)$, B$(\beta,\ 0)$이라 하면

$$\overline{AB} = |\alpha - \beta| = 6$$

(2nd) $|\alpha - \beta| = \dfrac{\sqrt{D}}{|a|}$이므로

$$|\alpha - \beta| = \frac{\sqrt{16 - 4(k-1)}}{|1|}$$
$$= \sqrt{-4k + 20} = 6 \qquad \cdots\cdots ①$$

(3rd) ①의 양변을 제곱하여 k의 값을 구하면

$$-4k + 20 = 36 \qquad -4k = 16$$
$$\therefore\ k = -4$$

정답 -4

> **MEMO**

→ $y = ax^2 + bx + c (a \neq 0)$와 $y = mx + n (m \neq 0)$과의 교점의 x좌표는 $ax^2 + bx + c = mx + n$의 **실근**이다.

(1) $D > 0 \Leftrightarrow$ 서로 다른 두 실근
  $\Leftrightarrow$ 직선과 서로 다른 두 점에서 만난다.

(2) $D = 0 \Leftrightarrow$ 서로 같은 두 실근(중근)
  $\Leftrightarrow$ 직선에 접한다.

(3) $D < 0 \Leftrightarrow$ 서로 다른 두 허근
  $\Leftrightarrow$ 직선과 만나지 않는다.

$D = b^2 - 4ac$	$D > 0$	$D = 0$	$D < 0$
연립방정식의 근	서로 다른 두 실근	서로 같은 두 실근	서로 다른 두 허근
$y = ax^2 + bx + c$와 $y = mx + n$	$a > 0$ $a < 0$	$a > 0$ $a < 0$	$a > 0$ $a < 0$
직선과의 관계	직선과 두 번 만난다.	직선에 접한다.	직선과 만나지 않는다.

강의 **이차함수의 그래프와 직선과의 관계**

→ 연립하여 판별식 D를 이용한다!

→ $y = ax^2 + bx + c$와 $y = mx + n$을 연립 → 판별식 이용

 ① 서로 다른 두 교점 → 서로 다른 두 실근 → $D > 0$

 ② 접한다 → 중근 → $D = 0$

 ③ 만난다 → 실근 → $D \geq 0$

 ④ 만나지 않는다 → 허근 → $D < 0$

주의 현 PQ의 길이

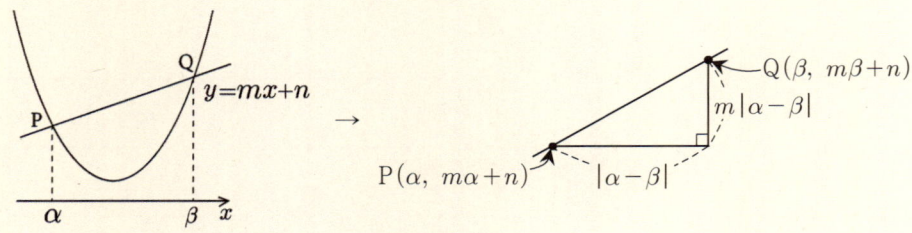

$$\rightarrow \overline{PQ} = \sqrt{1 + m^2} \, |\alpha - \beta| = \sqrt{1 + m^2} \, \frac{\sqrt{D}}{|a|}$$

이차함수 $y=2x^2+3x-1$의 그래프와 직선 $y=ax+b$의 두 교점의 x좌표가 각각 -1, 4일 때, 상수 a, b에 대하여 $a-b$의 값을 구하시오.

탐구 $y=f(x)$와 $y=g(x)$의 교점의 x좌표 $\rightarrow$ $f(x)=g(x)$의 실근과 같다.

풀이 **(1st)** 이차함수의 그래프와 직선의 교점의 x좌표는 $2x^2+3x-1=ax+b$의 실근과 같으므로 식을 정리하면

$$2x^2+(3-a)x-1-b=0 \quad \cdots\cdots ①$$

(2nd) ①의 두 실근이 -1, 4이므로 근과 계수의 관계를 이용하여 a, b의 값을 구하면

두 근의 합: $-1+4=-\dfrac{3-a}{2}$ $\quad -6=3-a$ $\quad \therefore a=9$

두 근의 곱: $(-1)\times 4=\dfrac{-1-b}{2}$ $\quad -8=-1-b$ $\quad \therefore b=7$

(3rd) $a-b$의 값을 구하면

$$a-b=9-7=2$$

✔ 정답 2

직선 $y=2mx$가 이차함수 $y=x^2+2x+m^2$의 그래프와 만나지 않을 때, 정수 m의 최솟값을 구하시오.

탐구 만나지 않는다. $\rightarrow$ $D<0$

풀이 **(1st)** 직선 $y=2mx$와 이차함수 $y=x^2+2x+m^2$을 연립하면

$$2mx=x^2+2x+m^2$$

$$x^2+2(1-m)x+m^2=0 \quad \cdots\cdots ①$$

(2nd) 두 그래프가 만나지 않으므로 ①의 판별식을 구하면

$$D/4=(1-m)^2-m^2=-2m+1<0$$

$$\therefore m>\dfrac{1}{2}$$

따라서 정수 m의 최솟값은 1이다.

✔ 정답 1

3 절댓값을 포함한 함수의 그래프

[1] 구간을 나누어 그리는 방법

→ 절댓값 안을 0으로 하는 값이 n개이면 구간은 $n+1$개다.

[2] 꺾인 점을 찾아 그리는 방법

(1) 꺾인 점의 x좌표 → 절댓값 안을 0으로 하는 x의 값이다.

(2) 꺾인 점의 y좌표 → x의 값을 함수에 대입한 값이다.

[3] 대칭을 이용하여 그리는 방법

(1) $y=f(|x|)$의 그래프

→ $y=f(x)$의 $x \geq 0$인 부분을 y축에 대칭시킨다.

(2) $|y|=f(x)$의 그래프

→ $y=f(x)$의 $y \geq 0$인 부분을 x축에 대칭시킨다.

(3) $|y|=f(|x|)$의 그래프

→ $y=f(x)$의 $x \geq 0$, $y \geq 0$인 부분을 x축, y축, 원점에 대칭시킨다.

(4) $y=|f(x)|$의 그래프

→ $y=f(x)$의 x축 아래 부분을 꺾어 올린다.

강의 대칭성 I

→ 반대로 사고하는 것이 필요하다!

① $(-x)$ → y축 대칭

② $(-y)$ → x축 대칭

③ $\begin{pmatrix} -x \\ -y \end{pmatrix}$ → 원점 대칭

◀ MEMO

강의 **대칭성 II**

→ **0 이상인 부분을 대칭시킨다!**

① $|x|$ → $x \geq 0$인 부분 → y축 대칭

② $|y|$ → $y \geq 0$인 부분 → x축 대칭

③ $\left.\begin{array}{c} |x| \\ |y| \end{array}\right\rangle$ → $\begin{array}{c} x \geq 0 \\ y \geq 0 \end{array}$인 부분 → x축, y축, 원점 대칭

기|본|예|제 **07**

함수 $y = f(x)$의 그래프가 오른쪽 그림과 같을 때
$y = f(|x|)$의 그래프를 고르시오.

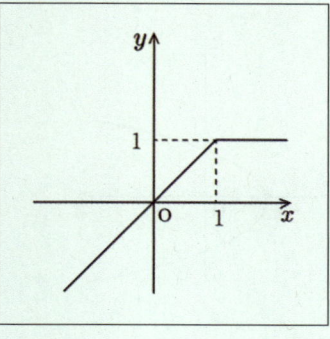

①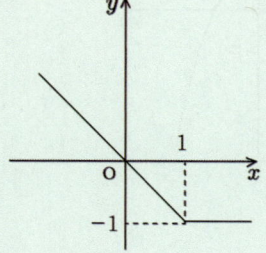

②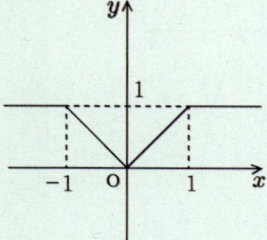

③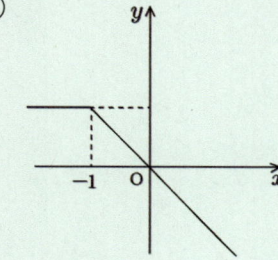

④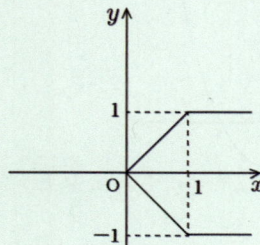

⑤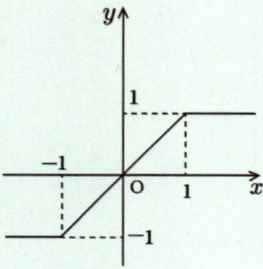

탐구 $|x|$이 있으면 $x \geq 0$인 부분을 y축 대칭한다!

풀이   **1st** $y = f(|x|)$의 그래프는 $y = f(x)$의 $x \geq 0$인 부분을 y축 대칭시킨 것이므로
그래프를 그리면

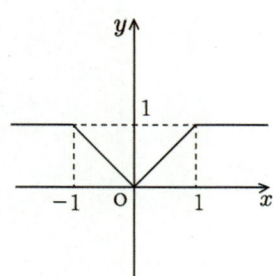

따라서 $y = f(|x|)$의 그래프는 ②이다.

✓ 정답   ②

→ 꺾어 올리거나 꺾어 내린다!

① $y = |f(x)| \geq 0 \rightarrow x$축 下부분 꺾어 올림

② $y = -|f(x)| \leq 0 \rightarrow x$축 上부분 꺾어 내림

下(아래 하) 上(위 상)

기 | 본 | 예 | 제 08

다음 중 $y = |x^2 - 1|$ 의 그래프를 고르시오.

①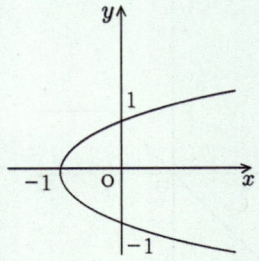

②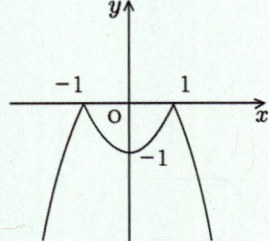

③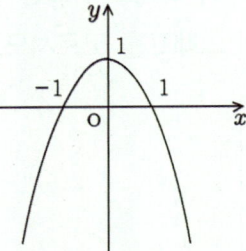

④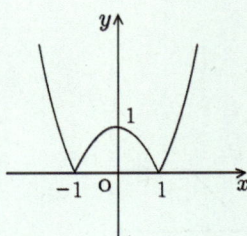

⑤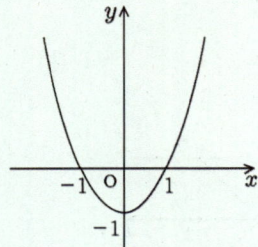

탐구 $y = |f(x)|$ 의 그래프는 x축 아랫부분을 꺾어 올린 것이다!

풀이   (1st) $y = |x^2 - 1|$ 의 그래프는 $y = x^2 - 1$ 의 x축 아랫부분을 꺾어 올린 것이므로 그래프를 그리면

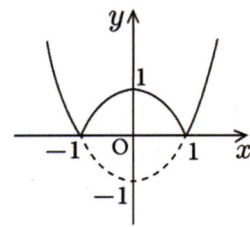

따라서 $y = |x^2 - 1|$ 의 그래프는 ④이다.

✔ 정답   ④

4 그래프에 의한 실근의 개수

첫째, 고정 그래프와 이동 그래프로 나누어 그린다.
둘째, 이동 그래프를 이동시키면서 교점의 개수를 조사한다.

(1) 교점이 2개일 때 → 실근 2개
(2) 교점이 1개일 때 → 실근 1개
(3) 교점이 0개일 때 → 실근 0개

강의 **실근의 개수**

→ 고정 그래프를 그리고 이동 그래프를 움직여서 구한다!

→ ┌ 고정 그래프(문자계수 無) ┐
   └ 이동 그래프(문자계수 有) ┘ 교점의 개수=실근의 개수

無(없을 무) 有(있을 유)

기|본|예|제 09

방정식 $x^2-4x-a=0$의 실근이 2개가 되는 실수 a의 값의 범위를 구하시오.

탐구 고정 그래프와 이동 그래프의 교점의 개수 → 실근의 개수 조사

풀이
(1st) $x^2-4x=a$을 고정 그래프와 이동 그래프로 분리하면
$y=x^2-4x$와 $y=a$이다.

(2nd) 고정 그래프 $y=x^2-4x$의 그래프를 그리면
$y=x^2-4x=(x-2)^2-4$ ∴ 꼭짓점 $(2, -4)$, y절편 0

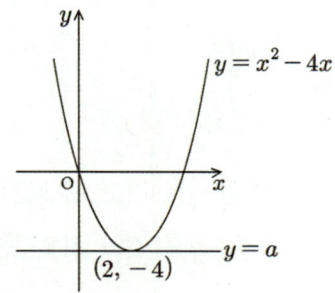

(3rd) 이동 그래프 $y=a$를 이동시키며 교점의 개수를 구하면
ⅰ) $a<-4$일 때, 교점 0개 → 실근 0개
ⅱ) $a=-4$일 때, 교점 1개 → 실근 1개 (중근)
ⅲ) $a>-4$일 때, 교점 2개 → 실근 2개
따라서 실근이 2개가 되는 a의 값의 범위는 $a>-4$이다.

정답 $a>-4$

02 이차함수의 최대·최소

1 제한 변역이 없는 이차함수의 최대·최소

➜ $y = a(x-m)^2 + n$의 최대·최소

(1) $a > 0$일 때 → ∪꼴

    ➜ 꼭짓점 $x = m$에서 최솟값 n을 갖고, 최댓값은 없다.

(2) $a < 0$일 때 → ∩꼴

    ➜ 꼭짓점 $x = m$에서 최댓값 n을 갖고, 최솟값은 없다.

강의 제한 변역이 없는 이차함수의 최대·최소

➜ 꼭짓점에서 이루어진다!

➜ 이차함수 → 범위 없을 때: 꼭짓점에서 최대·최소

주의 이차식의 최대·최소를 구하는 두 가지 방법

① $y = ax^2 + bx + c$꼴 (이차식 ≠ 0꼴) → 함수 y의 최대·최소

                                 → 꼭짓점 이용

② $ax^2 + bx + c - y = 0$꼴 (이차식 = 0꼴) → 계수 y의 최대·최소

                                 → 판별식 이용

기|본|예|제 10

다음 이차함수의 최댓값과 최솟값을 구하시오.

(1) $y = 3(x-1)^2 + 2$ (2) $y = -2\left(x + \dfrac{1}{2}\right)^2 - 1$

탐구 $y = a(x-p)^2 + q$에서 ⅰ) $a > 0$이면 $x = p$에서 최솟값 q를 갖고 최댓값은 없다.

                         ⅱ) $a < 0$이면 $x = p$에서 최댓값 q를 갖고 최솟값은 없다.

풀이 (1) **1st** $a = 3 > 0$이므로

          주어진 이차함수는 $x = 1$에서 최솟값 2를 갖고 최댓값은 없다.

    (2) **1st** $a = -2 < 0$이므로

          주어진 이차함수는 $x = -\dfrac{1}{2}$에서 최댓값 -1을 갖고 최솟값은 없다.

정답 (1) 최솟값: 2, 최댓값: 없다.   (2) 최댓값: -1, 최솟값: 없다.

다음 이차함수의 최댓값과 최솟값을 구하시오.

(1) $y = \dfrac{1}{3}x^2 + \dfrac{2}{3}x + \dfrac{10}{3}$ (2) $y = -x^2 - 4x - 5$

탐구 $y = a(x-p)^2 + q$에서 ⅰ) $a > 0$이면 $x = p$에서 최솟값 q를 갖고 최댓값은 없다.

ⅱ) $a < 0$이면 $x = p$에서 최댓값 q를 갖고 최솟값은 없다.

풀이 (1) (1st) 주어진 이차함수를 변형하면

$$y = \frac{1}{3}(x^2 + 2x + 1) + 3 = \frac{1}{3}(x+1)^2 + 3$$

(2nd) $a = \dfrac{1}{3} > 0$이므로

주어진 이차함수는 $x = -1$에서 최솟값 3을 갖고 최댓값은 없다.

(2) (1st) 주어진 이차함수를 변형하면

$$y = -(x^2 + 4x + 4) - 1$$
$$= -(x+2)^2 - 1$$

(2nd) $a = -1 < 0$이므로

주어진 이차함수는 $x = -2$에서 최댓값 -1을 갖고 최솟값은 없다.

정답 (1) 최솟값: 3, 최댓값: 없다. (2) 최댓값: -1, 최솟값: 없다.

이차함수 $y = -x^2 + ax + b$가 $x = 3$에서 최댓값 2를 가질 때, 상수 a, b의 값을 구하시오.

탐구 $x = 3$에서 최댓값 2 → 꼭짓점 $(3,\ 2)$

풀이 (1st) 이차함수가 $x = 3$에서 최댓값 2를 가지므로

꼭짓점의 좌표가 $(3,\ 2)$이다.

(2nd) 꼭짓점의 좌표를 이용하여 이차함수의 식을 구하면

$$y = -(x-3)^2 + 2 = -x^2 + 6x - 7 \qquad \cdots\cdots ①$$

(3rd) 주어진 함수와 ①이 같으므로

$$a = 6,\ b = -7$$

정답 $a = 6,\ b = -7$

→ $t_1 \leq x \leq t_2$일 때 $y = a(x-m)^2 + n$의 최대·최소

[1] 꼭짓점 $x = m$이 범위에 포함될 때

(1) $a > 0$일 때 → ∪꼴

 ① 꼭짓점 $x = m$에서 최솟값 n을 갖는다.

 ② t_1, t_2 중 꼭짓점 $x = m$과의 거리가 먼 쪽에서 최댓값을 갖는다.

(2) $a < 0$일 때 → ∩꼴

 ① 꼭짓점 $x = m$에서 최댓값 n을 갖는다.

 ② t_1, t_2 중 꼭짓점 $x = m$과의 거리가 먼 쪽에서 최솟값을 갖는다.

[2] 꼭짓점 $x = m$이 범위에 포함되지 않을 때

(1) $a > 0$일 때 → ∪꼴

 ① t_1, t_2 중 꼭짓점 $x = m$과의 거리가 가까운 쪽에서 최솟값을 갖는다.

 ② t_1, t_2 중 꼭짓점 $x = m$과의 거리가 먼 쪽에서 최댓값을 갖는다.

(2) $a < 0$일 때 → ∩꼴

 ① t_1, t_2 중 꼭짓점 $x = m$과의 거리가 가까운 쪽에서 최댓값을 갖는다.

 ② t_1, t_2 중 꼭짓점 $x = m$과의 거리가 먼 쪽에서 최솟값을 갖는다.

보기 제한 변역이 있을 때의 이차함수의 최대·최소

(1) $a > 0$일 때

① 꼭짓점 범위 안	② 꼭짓점 범위 밖
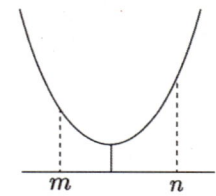	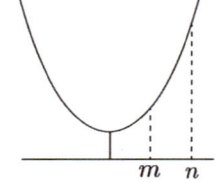
ⅰ) 최솟값: 꼭짓점에서	ⅰ) 최솟값: 꼭짓점에서 가까운 쪽
ⅱ) 최댓값: 꼭짓점에서 먼 쪽	ⅱ) 최댓값: 꼭짓점에서 먼 쪽

(2) $a < 0$일 때

① 꼭짓점 범위 안	② 꼭짓점 범위 밖
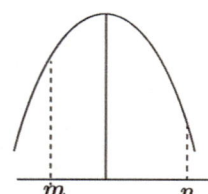	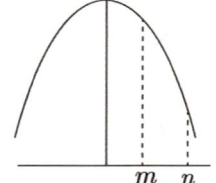
ⅰ) 최댓값: 꼭짓점에서	ⅰ) 최댓값: 꼭짓점에서 가까운 쪽
ⅱ) 최솟값: 꼭짓점에서 먼 쪽	ⅱ) 최솟값: 꼭짓점에서 먼 쪽

강의 제한 변역이 있는 이차함수의 최대·최소

→ 꼭짓점과 경계값을 조사한다!

① $a > 0$ → 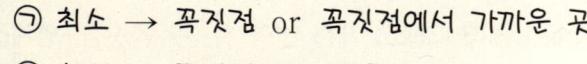 ㉠ 최소 → 꼭짓점 or 꼭짓점에서 가까운 곳
  ㉡ 최대 → 꼭짓점에서 먼 곳

② $a < 0$ → ㉠ 최대 → 꼭짓점 or 꼭짓점에서 가까운 곳
  ㉡ 최소 → 꼭짓점에서 먼 곳

주의 조건식에 2차식이 있으면 범위가 탄생된다.

기|본|예|제 13

다음 이차함수의 최댓값과 최솟값을 구하시오.

(1) $f(x) = (x-2)^2 + 1$ (단, $0 \leq x \leq 5$)

(2) $f(x) = -2x^2 + 8x + 6$ (단, $-1 \leq x \leq 1$)

탐구

① 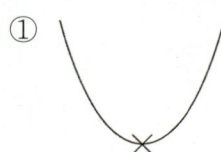 → 최솟값: 꼭짓점 또는 꼭짓점과 가까운 곳
  최댓값: 꼭짓점에서 먼 곳

② → 최댓값: 꼭짓점 또는 꼭짓점과 가까운 곳
  최솟값: 꼭짓점에서 먼 곳

풀이 (1) **1st** $a > 0$이고 꼭짓점 $(2, 1)$이 범위 안에 있으므로

꼭짓점에서 먼 $x = 5$에서 최댓값 10을 갖고 꼭짓점 $x = 2$에서 최솟값 1을 갖는다.

(2) **1st** 주어진 이차함수를 변형하면

$$y = -2(x^2 - 4x + 4) + 14 = -2(x-2)^2 + 14$$

2nd $a < 0$이고 꼭짓점 $(2, 14)$가 범위 밖에 있으므로

꼭짓점에서 가까운 $x = 1$에서 최댓값 12를 갖고 꼭짓점에서 먼 $x = -1$에서

최솟값 -4를 갖는다.

정답 (1) 최댓값: 10, 최솟값: 1 (2) 최댓값: 12, 최솟값: -4

$1 \leq x \leq 3$에서 이차함수 $y = -2x^2 + 3x + a$의 최댓값이 2일 때, 상수 a의 값을 구하시오.

탐구 이차함수의 최대·최소: 제한 변역 有 → 꼭짓점, 경계값 이용!

풀이 ①st 주어진 이차함수를 변형하면

$$y = -2\left\{ x^2 - \frac{3}{2}x + \left(\frac{3}{4}\right)^2 - \left(\frac{3}{4}\right)^2 \right\} + a$$

$$= -2\left(x - \frac{3}{4}\right)^2 + \frac{9}{8} + a \ (1 \leq x \leq 3)$$

②nd 꼭짓점의 x좌표가 범위 밖에 있으므로

이차함수는 꼭짓점에서 가까운 $x = 1$에서 최댓값을 갖는다.

③rd 주어진 이차함수에서 $x = 1$에서의 함숫값을 구하면

$$-2 + 3 + a = 2 \qquad \therefore \ a = 1$$

✔ 정답 1

$0 \leq x \leq 3$에서 이차함수 $y = \frac{1}{3}x^2 - \frac{2}{3}x + a$의 최댓값이 0, 최솟값이 b라 할 때, $a + b$의 값을 구하시오.

탐구 이차함수의 최대·최소: 제한 변역 有 → 꼭짓점, 경계값 이용!

풀이 ①st 주어진 이차함수를 변형하면

$$y = \frac{1}{3}(x^2 - 2x + 1 - 1) + a$$

$$= \frac{1}{3}(x - 1)^2 - \frac{1}{3} + a \ (0 \leq x \leq 3)$$

②nd 꼭짓점의 x좌표가 범위 안에 있으므로

이차함수는 꼭짓점에서 먼 $x = 3$에서 최댓값을 갖는다.

③rd 주어진 이차함수에서 $x = 3$에서의 함숫값을 구하면

$$\frac{1}{3} \times 9 - \frac{2}{3} \times 3 + a = 0 \qquad \therefore \ a = -1$$

④th 이 함수의 최솟값은 꼭짓점에서 가지므로 최솟값을 구하면

$$b = -\frac{1}{3} + a = -\frac{1}{3} - 1 = -\frac{4}{3}$$

⑤th $a + b$의 값을 구하면

$$a + b = -1 - \frac{4}{3} = -\frac{7}{3}$$

✔ 정답 $-\dfrac{7}{3}$

→ 동일부분을 t로 치환한 후 t에 대한 함수의 최댓값과 최솟값을 구한다.

→ t의 범위에 주의한다.

강의 **동일부분이 있는 함수의 최대 · 최소**

→ 치환하면 변역이 생긴다!

첫째, 동일부분 $ax^2 + bx = t$로 치환하여 정리한다. → 범위 탄생

둘째, t에 대한 이차함수의 최대 · 최소를 구한다.

기 | 본 | 예 | 제 16

함수 $y = (x^2 + 4x + 5)(x^2 + 4x + 2) + 2x^2 + 8x + 1$의 최솟값을 구하시오.

탐구 동일부분이 있으면 t로 치환 → 변역 탄생!

풀이 ①st 동일부분 $x^2 + 4x = t$로 놓고 범위를 구하면

$$t = x^2 + 4x + 4 - 4 = (x+2)^2 - 4$$

$$\therefore t \geq -4$$

②nd 주어진 함수에서 $x^2 + 4x = t$로 치환하면

$$y = (t+5)(t+2) + 2t + 1 = t^2 + 9t + 11$$

$$= \left\{ t^2 + 9t + \left(\frac{9}{2} \right)^2 \right\} - \left(\frac{9}{2} \right)^2 + 11$$

$$= \left(t + \frac{9}{2} \right)^2 - \frac{37}{4} \quad (t \geq -4)$$

③rd 꼭짓점 $\left(-\frac{9}{2}, -\frac{37}{4} \right)$가 범위 밖에 있으므로

y는 $t = -4$에서 최솟값 -9를 갖는다.

정답 -9

MEMO

$0 \le x \le 2$에서 함수 $y = (x^2 - 2x)^2 + 2(x^2 - 2x) + 5$의 최댓값과 최솟값을 구하시오.

탐구 동일부분을 t로 치환 → 범위 내에서 변역 탄생!

풀이 **1st** 동일부분 $x^2 - 2x = t$라 하면

$$t = x^2 - 2x + 1 - 1$$
$$= (x-1)^2 - 1 \ (0 \le x \le 2)$$

2nd t의 꼭짓점 $(1, -1)$이 범위 안에 있으므로 t의 범위를 구하면

t는 $x = 1$에서 최솟값 -1을 갖고

$x = 0$ 또는 $x = 2$에서 최댓값 0을 갖는다.

$$\therefore \ -1 \le t \le 0$$

3rd 주어진 함수에서 $x^2 - 2x = t$로 치환하면

$$y = t^2 + 2t + 5$$
$$= (t^2 + 2t + 1 - 1) + 5$$
$$= (t+1)^2 + 4 \ (-1 \le t \le 0)$$

4th 꼭짓점 $(-1, 4)$가 범위 안에 있으므로

y는 $t = -1$에서 최솟값 4를 갖고

$t = 0$에서 최댓값 5를 갖는다.

정답 최댓값: 5, 최솟값: 4

MEMO

4 조건식이 주어진 이차식의 최대 · 최소

→ 주어진 등식을 한 문자에 대하여 정리하고 이차식에 대입한 후 최댓값 또는 최솟값을 구한다.

강의 **일차의 조건식이 주어진 경우의 최대 · 최소**

→ 일차식을 이차식에 대입하고 최대 · 최소를 구한다!

첫째, 일차식 $ax+by=c$를 변형하여 이차식에 대입한다.

둘째, (이차식) $\neq 0$꼴이므로 꼭짓점을 이용한다.

기|본|예|제 18

실수 x, y에 대하여 $2x-y=3$일 때, $2x^2+y^2$의 최댓값과 최솟값을 구하시오.

탐구 조건식 일차 → 변형 → 이차식 대입

풀이 **1st** 주어진 조건식이 일차식이므로 y에 대하여 정리하면

$$y=2x-3 \qquad \cdots\cdots ①$$

2nd ①을 준식에 대입하여 정리하면

$$2x^2+(2x-3)^2 = 2x^2+4x^2-12x+9$$
$$= 6x^2-12x+9$$
$$= 6(x^2-2x+1)+3$$
$$= 6(x-1)^2+3$$

3rd 주어진 범위가 없으므로

준식은 $x=1$에서 최솟값 3을 갖고 최댓값은 없다.

정답 최솟값: 3, 최댓값: 없다.

MEMO

실수 x, y에 대하여 $x+2y=k$일 때, x^2+y^2의 **최솟값**이 1이 되는 실수 k의 **값**을 구하시오.

탐구   조건식 일차 → 변형 → 이차식 대입

풀이   ① 주어진 조건식이 일차식이므로 x에 대하여 정리하면

$$x=k-2y \qquad \cdots\cdots ①$$

② ①을 준식에 대입하여 정리하면

$$(k-2y)^2+y^2=k^2-4ky+4y^2+y^2=5y^2-4ky+k^2$$

$$=5\left\{y^2-\frac{4}{5}ky+\left(\frac{2}{5}k\right)^2-\left(\frac{2}{5}k\right)^2\right\}+k^2$$

$$=5\left(y-\frac{2}{5}k\right)^2-\frac{4}{5}k^2+k^2=5\left(y-\frac{2}{5}k\right)^2+\frac{1}{5}k^2$$

③ 주어진 범위가 없으므로

준식은 $y=\dfrac{2}{5}k$에서 최솟값 $\dfrac{1}{5}k^2$을 갖는다.

④ 최솟값이 1이 되게 하는 k의 값을 구하면

$$\frac{1}{5}k^2=1 \qquad k^2=5 \qquad \therefore \ k=\pm\sqrt{5}$$

정답 $\pm\sqrt{5}$

$-1 \le x \le 1$이고 $x+y=2$인 실수 x, y에 대하여 x^2+y^2의 **최댓값**과 **최솟값**을 구하시오.

탐구   조건식 일차 → 변형 → 이차식에 대입하고 주어진 범위 안에서 최댓값과 최솟값을 구한다.

풀이   ① 주어진 조건식이 일차식이므로 y에 대하여 정리하면

$$y=2-x \qquad \cdots\cdots ①$$

② ①을 이차식에 대입하여 정리하면

$$x^2+(2-x)^2=x^2+4-4x+x^2$$

$$=2x^2-4x+4$$

$$=2(x^2-2x+1)+2$$

$$=2(x-1)^2+2$$

③ 꼭짓점 $(1,2)$가 범위 안에 있으므로 최댓값과 최솟값을 구하면

$x=-1$에서 최댓값 10을 갖고 $x=1$에서 최솟값 2를 갖는다.

정답   최댓값: 10, 최솟값: 2

이차의 조건식이 주어진 경우 일차식의 최대·최소

→ (일차식)=k로 놓아 이차식에 대입하고 최대·최소를 구한다!

첫째, 일차식 $ax+by=k$로 놓고 변형하여 이차식에 대입한다.

둘째, (이차식)$=0$꼴이므로 판별식을 이용한다.

기|본|예|제 **21**

실수 x, y에 대하여 $2x^2+y^2=5$일 때, $2x+y$의 최댓값과 최솟값을 구하시오.

탐구

① 일차식 $2x+y=k$라 놓고 이차식 $2x^2+y^2=5$에 대입하여 정리한다.

② 계수 k의 최대·최소는 판별식 D를 이용한다.

③ 판별식 $D \geq 0$임을 이용하는 이유는 대소를 논할 수 있는 것은 실수이기 때문이다.

풀이

1st $2x+y=k$라 놓고 y에 대하여 정리하면

$$y = k - 2x \qquad \cdots\cdots ①$$

2nd ①을 조건식에 대입하면

$$2x^2 + (k-2x)^2 = 5$$
$$2x^2 + k^2 - 4kx + 4x^2 - 5 = 0$$
$$\therefore \ 6x^2 - 4kx + k^2 - 5 = 0 \quad \cdots\cdots ②$$

3rd ②에서 x는 실수이므로

$$D/4 = (2k)^2 - 6(k^2-5) = -2k^2 + 30 \geq 0$$
$$k^2 - 15 \leq 0 \qquad (k-\sqrt{15})(k+\sqrt{15}) \leq 0$$
$$\therefore \ -\sqrt{15} \leq k \leq \sqrt{15}$$

4th $2x+y$의 최댓값과 최솟값을 구하면

최댓값은 $\sqrt{15}$, 최솟값은 $-\sqrt{15}$이다.

정답 최댓값: $\sqrt{15}$, 최솟값: $-\sqrt{15}$

◢MEMO

이차의 조건식이 주어진 경우 이차식의 최대·최소

→ 이차의 조건식에서 변역이 탄생된다!

첫째, 이차의 조건식에서 범위를 구한다. → $(실수)^2 \geq 0$를 이용

둘째, 이차의 조건식 $ax^2 + by = c$를 이차식에 대입한다.

셋째, (이차식) $\neq 0$꼴이므로 꼭짓점을 이용한다.

기|본|예|제 **22**

x, y가 실수이고 $x^2 + 2y = 8$일 때, $x^2 + 3y^2$의 최솟값을 구하시오.

탐구 조건식이 이차식이면 $(실수)^2 \geq 0$을 이용하여 범위를 구한다.

풀이 **1st** 조건식에서 숨겨진 범위를 구하면

$$x^2 = 8 - 2y \geq 0에서 \ -2y \geq -8$$

$$\therefore \ y \leq 4$$

2nd $x^2 = 8 - 2y$를 준식에 대입하여 정리하면

$$(준식) = 8 - 2y + 3y^2$$

$$= 3\left(y^2 - \frac{2}{3}y + \frac{1}{9} - \frac{1}{9}\right) + 8$$

$$= 3\left(y - \frac{1}{3}\right)^2 + \frac{23}{3}$$

3rd $y \leq 4$에서 준식의 최솟값을 구하면

$$y = \frac{1}{3}에서 \ 최솟값 \ \frac{23}{3}을 \ 갖는다.$$

정답 $\dfrac{23}{3}$

MEMO

5 변수가 2개인 이차식의 최대 · 최소

→ '실수 x, y'의 조건이 있는 x, y에 대한 이차식의 최대 · 최소는

$a(x-m)^2+b(y-n)^2+k$ (a, b, k, m, n은 상수)의 꼴로 변형한 후 $(실수)^2 \geq 0$을 이용한다.

(1) $a>0$, $b>0$이면 최솟값 k를 갖는다.

(2) $a<0$, $b<0$이면 최댓값 k를 갖는다.

강의 **변수가 2개인 이차식의 최대 · 최소**

→ 두 개의 완전제곱꼴로 변형하고 최대 · 최소를 구한다!

→ 완전제곱꼴로 변형 → $a(x-m)^2+b(y-n)^2+k$

① $a>0$, $b>0$이면 $x=m$, $y=n$일 때 → 최솟값 k

→ $a(x-m)^2+b(y-n)^2+k \geq k$

② $a<0$, $b<0$이면 $x=m$, $y=n$일 때 → 최댓값 k

→ $a(x-m)^2+b(y-n)^2+k \leq k$

기|본|예|제 23

실수 x, y에 대한 함수 $z=2x^2+2y^2-2x+2y+5$의 최솟값과 그때의 x, y의 값을 구하시오.

탐구 변수가 2개인 이차식의 최대 · 최소 → 완전제곱꼴 이용

풀이 **1st** 주어진 함수를 완전제곱의 합의 꼴로 변형하면

$$z=2\left(x^2-x+\frac{1}{4}\right)+2\left(y^2+y+\frac{1}{4}\right)+4$$

$$=2\left(x-\frac{1}{2}\right)^2+2\left(y+\frac{1}{2}\right)^2+4$$

2nd x, y가 실수이므로

$$\left(x-\frac{1}{2}\right)^2 \geq 0, \left(y+\frac{1}{2}\right)^2 \geq 0$$

3rd 이러한 성질을 이용하여 z의 최솟값을 구하면

$x=\dfrac{1}{2}$, $y=-\dfrac{1}{2}$일 때, 최솟값 4를 갖는다.

정답 $x=\dfrac{1}{2}$, $y=-\dfrac{1}{2}$일 때, 최솟값: 4

반복 학습 기록란.

가장 좋은 학습 방법은 학교에서나 학원에서나 선생님의 강의를 열심히 듣고 여러 번 반복 학습하는 것입니다.
지금부터 당장 선생님의 강의를 열심히 듣고 반복! 반복하십시오. 그러면 곧 모든 과목에 자신이 생길 것입니다.

회수	시작이 반!			끝을 봐야!			확인
제1회	년	월	일부터	년	월	일까지	
제2회	년	월	일부터	년	월	일까지	
제3회	년	월	일부터	년	월	일까지	
제4회	년	월	일부터	년	월	일까지	
제5회	년	월	일부터	년	월	일까지	
제6회	년	월	일부터	년	월	일까지	
제7회	년	월	일부터	년	월	일까지	
제8회	년	월	일부터	년	월	일까지	
제9회	년	월	일부터	년	월	일까지	
제10회	년	월	일부터	년	월	일까지	

단원 점검문제

▶ 아무런 도움 없이 스스로 연습장에 풀어 단원에 대한 성취도를 평가하고 미흡한 점이 있으면 배운 부분을 다시 반복 학습하도록 하자.

01 이차함수 $y = x^2 + ax + b$의 그래프가 오른쪽 그림과 같을 때, 상수 a, b의 값을 구하시오.

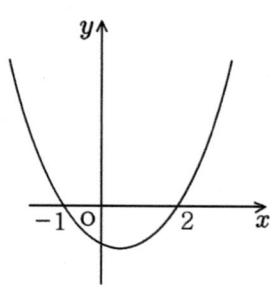

02 이차함수 $y = x^2 + kx - 2$의 그래프와 x축의 두 교점의 x좌표를 α, β라 할 때, $|\alpha - \beta| = 3$이 되게 하는 양수 k의 값을 구하시오.

03

다음을 구하시오.

(1) 이차함수 $y = x^2 + ax + a^2 - 3$의 그래프가 x축에 접하도록 하는 상수 a의 값을 구하시오.

(2) 이차함수 $y = x^2 - 3x + 4a$의 그래프가 x축과 만나지 않도록 하는 자연수 a의 최솟값을 구하시오.

(3) 이차함수 $y = 2x^2 + 5x + 3k$의 그래프가 x축과 만나도록 하는 정수 k의 최댓값을 구하시오.

04 이차함수 $y = x^2 - 4x + k - 1$의 그래프가 x축과 만나는 두 점 A, B에 대하여 $\overline{AB} = 6$이라 할 때, 실수 k의 값을 구하시오.

05 이차함수 $y = 2x^2 + 3x - 1$의 그래프와 직선 $y = ax + b$의 두 교점의 x좌표가 각각 -1, 4일 때, 상수 a, b에 대하여 $a - b$의 값을 구하시오.

06 직선 $y = 2mx$가 이차함수 $y = x^2 + 2x + m^2$의 그래프와 만나지 않을 때, 정수 m의 최솟값을 구하시오.

07 함수 $y = f(x)$의 그래프가 오른쪽 그림과 같을 때 $y = f(|x|)$의 그래프를 고르시오.

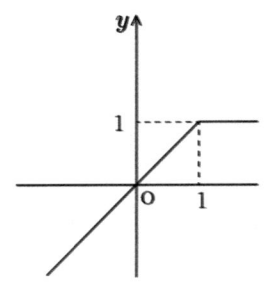

①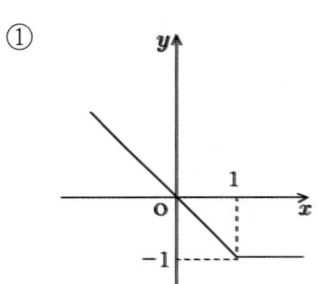

②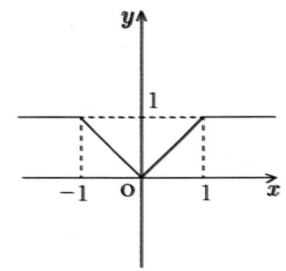

③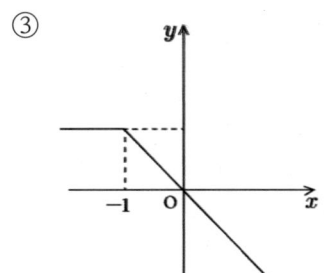

④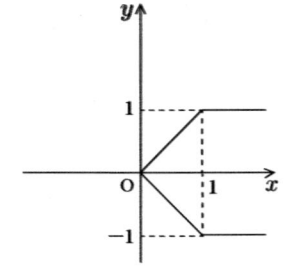

⑤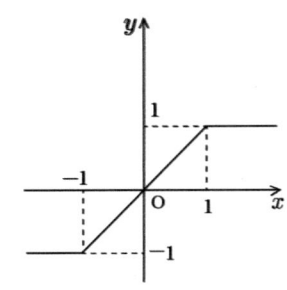

08 다음 중 $y = |x^2 - 1|$의 그래프를 고르시오.

①

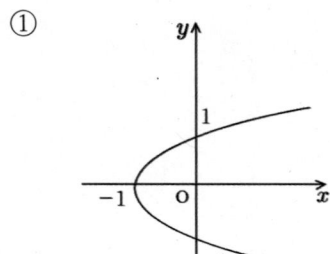

②

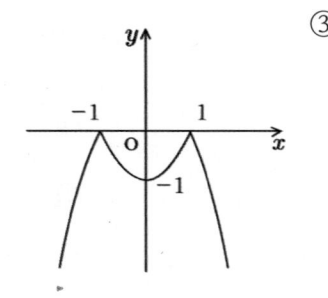

③

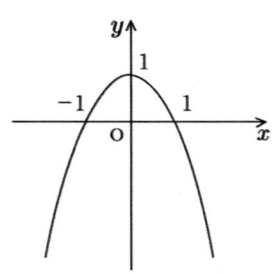

④

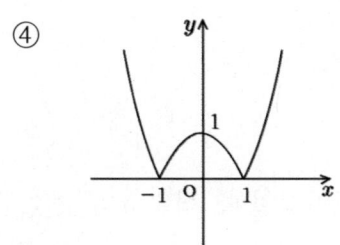

⑤

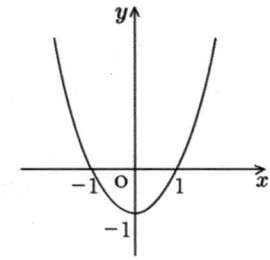

09 방정식 $x^2 - 4x - a = 0$의 실근이 2개가 되는 실수 a의 값의 범위를 구하시오.

10 다음 이차함수의 최댓값과 최솟값을 구하시오.

(1) $y = 3(x-1)^2 + 2$

(2) $y = -2\left(x + \dfrac{1}{2}\right)^2 - 1$

11 다음 이차함수의 최댓값과 최솟값을 구하시오.

(1) $y = \dfrac{1}{3}x^2 + \dfrac{2}{3}x + \dfrac{10}{3}$

(2) $y = -x^2 - 4x - 5$

12 이차함수 $y = -x^2 + ax + b$가 $x = 3$에서 최댓값 2를 가질 때, 상수 a, b의 값을 구하시오.

13 다음 이차함수의 최댓값과 최솟값을 구하시오.
    (1) $f(x) = (x-2)^2 + 1$ (단, $0 \leq x \leq 5$)
    (2) $f(x) = -2x^2 + 8x + 6$ (단, $-1 \leq x \leq 1$)

14 $1 \leq x \leq 3$에서 이차함수 $y = -2x^2 + 3x + a$의 최댓값이 2일 때, 상수 a의 값을 구하시오.

15 $0 \leq x \leq 3$에서 이차함수 $y = \dfrac{1}{3}x^2 - \dfrac{2}{3}x + a$의 최댓값이 0, 최솟값이 b라 할 때, $a+b$의 값을 구하시오.

16 함수 $y = (x^2 + 4x + 5)(x^2 + 4x + 2) + 2x^2 + 8x + 1$의 최솟값을 구하시오.

17 $0 \leq x \leq 2$에서 함수 $y = (x^2 - 2x)^2 + 2(x^2 - 2x) + 5$의 최댓값과 최솟값을 구하시오.

18 실수 x, y에 대하여 $2x - y = 3$일 때, $2x^2 + y^2$의 최댓값과 최솟값을 구하시오.

19 실수 x, y에 대하여 $x + 2y = k$일 때, $x^2 + y^2$의 최솟값이 1이 되는 실수 k의 값을 구하시오.

20 $-1 \le x \le 1$이고 $x + y = 2$인 실수 x, y에 대하여 $x^2 + y^2$의 최댓값과 최솟값을 구하시오.

21 실수 x, y에 대하여 $2x^2 + y^2 = 5$일 때, $2x + y$의 최댓값과 최솟값을 구하시오.

22 x, y가 실수이고 $x^2 + 2y = 8$일 때, $x^2 + 3y^2$의 최솟값을 구하시오.

23 실수 x, y에 대한 함수 $z = 2x^2 + 2y^2 - 2x + 2y + 5$의 최솟값과 그때의 x, y의 값을 구하시오.

빠른 정답

Ⅰ. 다항식

〈01 다항식의 연산〉

01. ①, ③, ⑤

02. ③, ④

03. ②, ③

04. (1) $yzx^2 + (yz - y^2 - z^2)x + yz$

　　(2) $yz + (yz - y^2 - z^2)x + yzx^2$

05. $(a+b+c)(a^2+b^2+c^2-ab-bc-ca)$

06. $-x^2 + 7y^2$

07. $-2x^2 - 3y^2$

08. $10x^4 - 18x^3 + 4x^2 + 11x - 1$

09. $-3x^8 y^9$

10. (1) $2x + 2y - 2z$　　(2) $2x^3 - 3x^2 y + 3xy^2 - y^3$

11. 25

12. -9

13. ③

14. (1) $-\dfrac{1}{54} a^7 b^3$　(2) $-a^{13}$　(3) $-18x^6 y^3$

15. $\dfrac{A^3}{32}$

16. 몫: $2x^3 - x^2 - 3$, 나머지: $-3x + 5$

17. 몫: $6x^2 + 12x + 8$, 나머지: $-5x - 18$

18. -6

19. 몫: $x^2 - 2x - 3$, 나머지: -11

20. 몫: $x^2 - 2x - 3$, 나머지: 0

21. (1) $4x^2 + 12xy + 9y^2$　　(2) $9x^2 - 12xy + 4y^2$

　　(3) $a^2 + b^2 + c^2 - 2ab + 2bc - 2ca$

　　(4) $x^2 + y^2 + z^2 + 2xy - 2yz - 2zx$

22. (1) $4x^2 - 9y^2$　　(2) $y^2 - \dfrac{1}{4}x^2$

23. $5x^2 - 5y^2$

24. $x^{16} - y^{16}$

25. -1

26. (1) 2499　　　(2) 3.91

27. (1) $x^2 - xy - 6y^2$　　　(2) $24x^2 + 38xy + 15y^2$

　　(3) $8x^2 + 2xy - 15y^2$　(4) $2x^2 - 17xy + 21y^2$

28. (1) $x^3 + 6x^2 + 12x + 8$　(2) $8x^3 + 36x^2 y + 54xy^2 + 27y^3$

　　(3) $27x^3 - 54x^2 y + 36xy^2 - 8y^3$

29. $a^4 + 4a^3 b + 6a^2 b^2 + 4ab^3 + b^4$

30. (1) $x^3 + 6x^2 + 11x + 6$　　(2) $x^3 - 2x^2 - 5x + 6$

31. 5

32. (1) $8a^3 + 27b^3$　(2) $x^6 - 1$

33. $x^3 + y^3 + 9xy - 27$

34. -1

35. (1) $x^4 + x^2 + 1$　　(2) $x^4 + 9x^2 + 81$

　　(3) $16x^4 + 36x^2 y^2 + 81y^4$

36. (1) $x^4 - 2x^3 - x^2 + 2x - 3$　(2) $x^4 + 6x^3 + 7x^2 - 6x - 8$

37. (1) 5　(2) 5

38. (1) $\dfrac{13}{6}$　(2) 7

39. 26

40. (1) ± 1　(2) ± 5

41. (1) 7　(2) -3　(3) -9

42. $a = b$인 이등변삼각형

43. 7

44. 30

45. 65

〈02 항등식과 나머지 정리〉

01. $a = -1$, $b = -4$, $c = 3$

02. $a = 2$, $b = 1$

03. -1

04. 6

05. 4

06. 1

07. 2

08. 1

09. $a = -1$, $b = -3$

10. 0

11. -3

12. -7

13. 0

14. $x - 1$

15. $-x^2 + 4x$

16. 9

17. 9

18. 24

19. 몫: $\frac{1}{2}Q(x)$, 나머지: R

20. $a=-1$, $b=0$

21. 10

<03 인수분해>

01. $3xy(x^2-2xy-2y^2)$

02. 35

03. (1) $(x+3)(x-3)$ (2) $(2x+3y)(2x-3y)$
(3) $(x+y-2)(x-y-4)$
(4) $(x^2+y^2)(x+y)(x-y)$

04. $(2x+3y)^2$

05. $(a-b-c)^2$

06. (1) $(x-2)(x-3)$ (2) $(x-3)(x+1)$
(3) $x^2(y+4)(y-2)$

07. (1) $(x+y)(3x-4y)$ (2) $(a-2b)(2a-b)$

08. (1) $(2x-3y)^3$ (2) $(4x+y)^3$

09. (1) $(x+2)(x^2-2x+4)$
(2) $(2x-3y)(4x^2+6xy+9y^2)$
(3) $(x+y)(x-y)(x^2-xy+y^2)(x^2+xy+y^2)$

10. (1) $(a+2b+3c)(a^2+4b^2+9c^2-2ab-6bc-3ca)$
(2) $(x-y+2)(x^2+y^2+xy-2x+2y+4)$
(3) $(2x+3y-z)(4x^2+9y^2+z^2-6xy+3yz+2zx)$

11. (1) $(x^2+2x+4)(x^2-2x+4)$
(2) $(4x^2+2xy+y^2)(4x^2-2xy+y^2)$

12. 24

13. $x(x-5)(x^2-5x+10)$

14. $(x^2-3x-2)(x^2-3x-12)$

15. (1) $(x^2-3)(x-2)(x+2)$ (2) $(x^2-2y^2)^2$

16. (1) $(x^2+3x+1)(x^2-3x+1)$
(2) $(x^2+5xy+y^2)(x^2-5xy+y^2)$

17. (1) $(x^2+2x+4)(x^2-2x-4)$
(2) $(a+b+c)(a+b-c)$

18. $(x+y)(x-y)(x+2)$

19. (1) $(x-y)(x^2+y^2+z^2+xy+yz+zx)$
(2) $(2x-y-1)(x+3y+2)$

20. (1) $-(a-b)(b-c)(c-a)$
(2) $(a+b)(b+c)(c+a)$

21. $(x+1)(x-2)(x+3)(x-4)$

22. $(x^2-3x+1)(x^2-x-1)$

23. $-\frac{1}{2}$

24. (1) 2026   (2) -72

25. (1) 정삼각형   (2) $a=b$인 이등변삼각형

II. 이차방정식

<01 복소수>

01. (1) 실수부분: 2, 허수부분: -5
(2) 실수부분: 1, 허수부분: $2\sqrt{3}$
(3) 실수부분: 0, 허수부분: 3
(4) 실수부분: -7, 허수부분: 0

02. ①, ④

03. -1

04. 1

05. ±1 또는 0

06. (1) $4+2i$ (2) $7i$ (3) 3 (4) $1-5i$ (5) $-\sqrt{5}-\sqrt{3}i$

07. (1) $4+2i$ (2) $4+i$ (3) $2-i$ (4) $4+3i$

08. (1) $4-3i$ (2) $9-7i$

09. (1) $-5+12i$ (2) $-5-12i$

10. 3

11. -2

12. 0

13. (1) $-2i$ (2) $8i$ (3) 2   (4) $-13-13i$

14. $\frac{1}{5}+\frac{2}{5}i$

15. (1) $\frac{4}{5}+\frac{7}{5}i$ (2) $\frac{23}{41}+\frac{2}{41}i$ (3) $-\frac{5}{13}-\frac{12}{13}i$ (4) $\frac{11}{5}-\frac{2}{5}i$

16. 14

17. (1) $3-2i$ (2) $2-3i$

18. (1) 0   (2) 1

19. (1) i (2) i

20. 8

21. $a\le\frac{3}{2}$

22. (1) $\pm\sqrt{10}$ (2) $\pm2\sqrt{2}$ (3) ±3 (4) $\pm3\sqrt{2}$
(5) $\pm\frac{3}{2}$ (6) ±5

23. (1) $4i$ (2) $-2\sqrt{2}i$ (3) $3\sqrt{2}i$ (4) $2\sqrt{3}i$ (5) $5i$

24. (1) $-2+2i$ (2) $-12+3i$

25. (1) $2a$ (2) $-\sqrt{2}a+b$

26. 2

<02 이차방정식>

01. (1) $x=3$, $x=-1$ (2) $x=1\pm\sqrt{2}i$
(3) $x=\dfrac{-3\pm\sqrt{17}}{2}$

02. (1) i) $m\ne0$일 때, $x=-1$, $x=-\dfrac{1}{m}$
ii) $m=0$일 때, $x=-1$

(2) ⅰ) $a \neq 0$일 때, $x = -2$, $x = -\dfrac{1}{a}$

ⅱ) $a = 0$일 때, $x = -2$

03. $x = -\dfrac{1}{k}$ 또는 $x = 1$

04. $a = 1$, 다른 한 근: 3

05. $x = \pm 3$

06. (1) $x = 1$, $x = \pm 4$ (2) $x = -\sqrt{2}$, $x = 2$

07. $x = 2$

08. 1

09. $x = 2$ 또는 $x = -\sqrt{2} + 1$

10. $x = 1$

11. -5

12. $x = -2i$ 또는 $x = 1 + i$

13. $k < -2$

14. $a = 0$, $b = 1$

15. 2

16. ⅰ) $k = -5$일 때, $x = 3$ ⅱ) $k = -1$일 때, $x = 1$

17. $a = 3$, $b = \dfrac{3}{2}$ 또는 $a = -3$, $b = -\dfrac{3}{2}$

18. (1) 7 (2) -18 (3) $\pm\sqrt{5}$

19. $\dfrac{1}{2}$

20. $p = -1$, $q = 0$

21. $\sqrt{2}$

22. 2

23. 2 또는 10

24. -1

25. 1

26. $x^2 + x + 2 = 0$

27. $x^2 - 2x - 8 = 0$

28. $x = 2$, $x = 3$

29. (1) $6\left(x - \dfrac{5 + \sqrt{23}\,i}{12}\right)\left(x - \dfrac{5 - \sqrt{23}\,i}{12}\right)$

(2) $3\left(x - \dfrac{1 + \sqrt{13}}{3}\right)\left(x - \dfrac{1 - \sqrt{13}}{3}\right)$

30. $a = -1$, $b = -\dfrac{1}{2}$

31. -8

32. $\sqrt{3}$

33. $a = -4$, $b = 9$

34. $1 - i$

35. 0 또는 1

36. ± 1

37. $1 : -2 : 2$

Ⅲ. 이차함수

〈01 이차함수의 그래프〉

01. (1) $(0, 0)$, $x = 0$ (2) $(0, -3)$, $x = 0$

(3) $(3, 5)$, $x = 3$ (4) $(2, 4)$, $x = 2$

02. ①

03. $y = (x - 1)^2 - 2$

04. $y = x^2 - 4x + 3$

05. $y = x^2 - 3x + 4$

〈02 이차함수의 활용〉

01. $a = -1$, $b = -2$

02. 1

03. (1) ± 2 (2) 1 (3) 1

04. -4

05. 2

06. 1

07. ②

08. ④

09. $a > -4$

10. (1) 최솟값: 2, 최댓값: 없다.

(2) 최댓값: -1, 최솟값: 없다.

11. (1) 최솟값: 3, 최댓값: 없다.

(2) 최댓값: -1, 최솟값: 없다.

12. $a = 6$, $b = -7$

13. (1) 최댓값: 10, 최솟값: 1

(2) 최댓값: 12, 최솟값: -4

14. 1

15. $-\dfrac{7}{3}$

16. -9

17. 최댓값: 5, 최솟값: 4

18. 최솟값: 3, 최댓값: 없다.

19. $\pm\sqrt{5}$

20. 최댓값: 10, 최솟값: 2

21. 최댓값: $\sqrt{15}$, 최솟값: $-\sqrt{15}$

22. $\dfrac{23}{3}$

23. $x = \dfrac{1}{2}$, $y = -\dfrac{1}{2}$일 때, 최솟값: 4